CHARLES RICHET

COURS DE

PHYSIOLOGIE

PROGRAMME SOMMAIRE

PARIS

BUREAUX DES REVUES

111, Boulevard Saint-Germain, 111

1891

COURS DE PHYSIOLOGIE

DU MÊME AUTEUR

Recherches expérimentales et cliniques sur la sensibilité, *1877*. (*Masson*).

Du suc gastrique chez l'homme et les animaux, *1878*. (*Germer Baillière et Cie*).

Des circonvolutions cérébrales, *1878*. (*Germer Baillière et Cie*).

La circulation du sang (*traduction française de Harvey*), *1880*. (*Masson*).

Physiologie des muscles et des nerfs, *1881* (*Germer Baillière et Cie*). 1 vol. gr. in-8°.

L'homme et l'intelligence, 2e *édition*, *1887*. (*Félix Alcan*). 1 vol. gr. in-8°.

Essai de psychologie générale, *1887*. (*Félix Alcan*). 1 vol. in-12.

CHARLES RICHET

COURS DE

PHYSIOLOGIE

PROGRAMME SOMMAIRE

PARIS

BUREAUX DES REVUES

111, Boulevard Saint-Germain, 111

1891

Cet ouvrage est dédié à

M. P. Brouardel,

Doyen de la Faculté de médecine de Paris.

Ch. R.

INTRODUCTION.

On ne trouvera ici ni un livre, ni même l'ébauche d'un livre. C'est simplement le programme, très élémentaire, d'un cours de Physiologie qui s'adresse à des étudiants en médecine. C'est à peu près ce programme que j'ai suivi dans les cours que j'ai faits depuis 1879, soit comme agrégé, soit comme professeur à la Faculté de médecine de Paris.

En publiant mes notes sous cette forme rudimentaire et fruste, j'ai voulu indiquer nettement qu'elles ne pouvaient suppléer en aucune manière aux excellents traités de physiologie que nous possédons déjà. Je n'ai eu d'autre intention que de fournir aux élèves qui me font l'honneur de suivre mon cours le plan de chaque leçon. Aussi n'auront-ils pas besoin, ayant des notes prises pour ainsi dire d'avance, de prendre, durant le cours, des notes nouvelles. Leur tâche, pendant la leçon, sera ainsi facilitée, puisqu'ils n'auront qu'à intercaler dans le texte imprimé les développements oraux donnés au cours de la leçon.

C'est donc une publication destinée uniquement aux étudiants qui suivent les cours de Physiologie des Facultés de médecine.

Pour la plupart de ces leçons, le plan, l'exposition et les considérations générales diffèrent un peu de ce qui se trouve dans les ouvrages classiques. Par conséquent ce programme ne fera pas, je l'espère, double emploi avec ces mêmes ouvrages.

J'ai eu soin de noter à la fin des divers chapitres deux ou trois livres français où l'étudiant devra compléter, par une lecture tant soit peu attentive, ce qu'il aura entendu développer au cours. Pour chaque chapitre existe donc une petite bibliographie spéciale ; celle qui est indiquée sous la rubrique : « *A consulter* ».

Il y a aussi une bibliographie générale, que je mentionne une fois pour toutes : ce sont les ouvrages de BEAUNIS, de LONGET, de BÉCLARD, de KUSS et M. DUVAL, et de H. MILNE EDWARDS.

CHARLES RICHET.

1er octobre 1890.

PREMIÈRE LEÇON

PHYSIOLOGIE EN GÉNÉRAL

MÉTHODES — DIVISIONS — HISTOIRE

I. *Biologie :* Science des êtres vivants.
- » *anatomique :* Étude de la forme.
- » *physiologique :* Étude de la fonction normale.
- » *pathologique :* Étude de la fonction troublée.

Classification des Sciences Physiologiques suivant l'objet traité.

a. *Physiol. générale.*
Physiol. spéciale (par exemple Physiologie psychologique ou Chimie physiologique).

b. *Ph. botanique.*
Ph. animale.

c. *Ph. humaine.*
Ph. comparée.

d. *Ph. normale.*
Ph. pathologique.

II. Méthodes de la physiologie. Méthode expérimen-tale. Comparaison. Déterminisme.

Rapports de la physiologie avec les autres sciences surtout la *Chimie* et la *Physique*. Rôle importan de la *Zoologie*, de l'*Anatomie*, des *Sciences médicales*

III. Importance de la physiologie dans la *médecine* (p exemple l'action des substances médicamenteuse les fonctions du cœur, la température).

L'étude des *Microbes* est un chapitre de la physio-logie générale.

Rôle essentiel de la physiologie dans *l'hygiène*, da la *psychologie*, dans les *maladies du système nerveu*

IV. Traités de physiologie à étudier :

BEAUNIS (1889) — LONGET (1873) — KUSS ET M. DUV (1889) — FRÉDÉRICQ ET NUEL (1889).

Consulter et lire :

MILNE-EDWARDS, *Leçons sur la Physiologie et l'Anat comparées.* — CLAUDE BERNARD, *Œuvres diverses.* — WU *Traité de Chimie biologique.*

V. Histoire résumée de la physiologie.

Première période, de GALIEN à HARVEY (du 2e siècle ap. J. C. à 1628).

GALIEN expérimentateur : seul physiologiste de l'antiquité.

Deuxième période, de HARVEY à LAVOISIER (1628 à 1780).

Physiologistes du XVIIe et du XVIIIe siècle : DESCARTES, WILLIS, STÉNON, BUFFON, surtout HALLER (*Elementa physiologiæ*).

Rôle prépondérant de LAVOISIER, l'initiateur de la physiologie contemporaine.

Troisième période, de LAVOISIER à nos jours.

GALVANI. VOLTA. Découverte de l'électricité (1780).

SPALLANZANI. LEGALLOIS. Expériences ingénieuses (1790 à 1815).

Grande découverte de Ch. BELL (1811), complétée par MAGENDIE (1822). Importance du rôle de MAGENDIE, non seulement par ses découvertes, mais par sa méthode (1822 à 1830).

J. MULLER. PRÉVOST et J.-B. DUMAS. (1830). Claude BERNARD (1847 à 1878). LONGET. DONDERS.

Physiologistes contemporains : BROWN-SÉQUARD, HEIDENHAIN, HELMHOLTZ, LUDWIG, MAREY, PFLUGER, M. SCHIFF, etc. Beaux progrès réalisés par eux.

Tendances de la physiologie contemporaine. Mesures précises. Méthode graphique. Déterminisme rigoureux.

VI. Théories générales directrices,

1 Théorie de LAVOISIER. *La Vie est une fonction chimique.*

2 Théorie cellulaire de SCHWANN. *La cellule est l'image abrégée de l'être* (1839).

3 Théorie de DARWIN sur la *descendance des êtres.*

4 Théorie de R. MAYER sur la *conservation de l'énergie* (1843).

5 Découvertes de PASTEUR sur le rôle des *microbes* (1863 à 1885)

VII. Divisions de la physiologie en plusieurs parties.

Conservation de *l'être* : fonctions de *nutrition*

» *relation.*

Conservation de *l'espèce*: fonctions de *génération*.

Dans la vie de nutrition 1. digestion.
2. circulation.
3. respiration.
4. sécrétions et nutrition en général.

Dans la vie de relation 5. innervation.
6. fonction des muscles.
7. organes des sens.

DEUXIÈME LEÇON

ALIMENTS

I. Composition du corps : 66 % d'eau.

Proportions des divers tissus animaux (schéma) :

Muscles. . . .	50
Squelette . . .	15
Graisse	15
Sang	6
Peau	6
Autres tissus. .	8.

Corps simples de la constitution des tissus.

C. Az. O. H. }
P. S. } Éléments indispensables.
Na. Cl. Ca. K. Fe. }
Mg. Mn. Si. Fl. Éléments accessoires.

II. Classification des aliments

d'après MAGENDIE :

Aliments *azotés*
» *non azotés.*

d'après LIEBIG (mauvaise classification) :

Aliments *respiratoires*
» *plastiques.*

Classification actuelle :

Aliments *minéraux* (sans C.)
» *non azotés* { *gras* / *hydrates de C.* }
» *azotés ou albuminoïdes.*

Définition de *l'aliment* : Substance apte à faire partie de la constitution du corps avec ou sans transformation.

Le rôle de la digestion est de dissoudre les aliments insolubles.

La nutrition comprend donc :

1° *Dissolution,*
2° *Absorption,* dernier terme de la digestion,
3° *Assimilation,*
4° *Désassimilation,* dernier terme de la nutrition.

MAGENDIE a prouvé qu'un aliment unique ne nourrit pas. Loi fondamentale.

Identité des animaux et des végétaux pour la nécessité d'aliments variés.

Distinction des aliments *simples* et des aliments *complexes*.

III. Aliments *minéraux*.

NaCl nécessaire.

Chez les végétaux c'est KCl. Différence caractéristique entre les végétaux et les animaux.

Quantité de sel éliminé chez l'adulte égale à la quantité ingérée = 12 gr.

KCl. Petite quantité, mais constante.

Phosphates et sels de chaux. Fer, quantité minime, mais absolument nécessaire.

Eau, aliment minéral indispensable.

O. aliment minéral plus indispensable encore.

Comparer l'alimentation respiratoire et l'alimentation digestive.

IV. Aliments *gras*.

Constitution des graisses (CHEVREUL 1823). Acides gras et glycérine.

Graisses végétales.

» animales.

Rôle thermique des graisses.

Caractères chimiques des graisses.

Émulsion par la digestion.

V. *Hydrates de carbone.*

Composition chimique $C^m (H^{2n} O^n)$.

Amidon	cru / cuit	matières *féculentes*, insolubles.

Sucres matières *sucrées*, solubles.

Saccharification, c'est à dire solubilisation, des matières féculentes par la digestion.

VI. *Albuminoïdes.*

Composition chimique (schéma) :

$$\begin{aligned} C &= 50 \\ O &= 25 \\ Az &= 17 \\ H &= 7 \\ S &= 1 \\ \hline & 100 \end{aligned}$$

Caractères physiques, non dialysables.

TROISIÈME LEÇON

DIGESTION EN GÉNÉRAL — INANITION

I. *Vie des êtres inférieurs.*

Pas de différenciation des appareils; par conséquent pas de digestion.

Transformations chimiques intracellulaires:

Urée transformée en carbon. d'ammoniaque.

Sucre transformé en alcool.

Alcool transformé en acide acétique.

Identité des phénomènes ultimes d'assimilation et de combustion entres les êtres supérieurs et les organismes monocellulaires; mais pour ceux-ci pas de digestion nécessaire préalable.

II. *Histoire des découvertes faites sur la digestion.*

Accad. del Cimento (1690). Rôle mécanique de l'estomac.

Réaumur (1730). Rôle chimique de l'estomac.

Magendie (1820). Absorption par les veines.

Leuchs (1831). Action de la salive.

Schwann (1836). Pepsine.

Mialhe (1846). Différence de l'albumine modifiée par la pepsine ou *albuminose* avec l'albumine normale.

Claude Bernard (1852). Action du pancréas sur les graisses.

Toutes les recherches contemporaines confirment l'opinion de Réaumur que la digestion est surtout un phénomène chimique.

III. *Digestion dans la série animale.*

Trois appareils se développent concurremment.

Préhension.
Mastication.
Transformation chimique.

Êtres simples avec une poche *unique* servant à la fois de cœur, poumon et estomac.

Cœlentérés.

En remontant dans la série apparaissent :

Armature buccale (préhension et mastication).

Viandes.

La viande contient surtout les sels de K.

Fibrine musculaire.

Rôle nutritif nul du bouillon.

Extrait de LIEBIG, toxique et stimulant, non nutritif.

VIII. Aliments *végétaux.*

Cellulose, difficile à digérer et à assimiler.

Différences entre l'alimentation végétale et l'alimentation animale.

a. Utilisation seulement de 50 % des aliments végétaux; de 100 % des aliments animaux.

b. Volume moindre.

100 gr. d'herbes contiennent autant d'Az que 10 gr. de viande.

Alors, pour les herbivores, nécessité d'une alimentation perpétuelle.
Excréments abondants.

L'alimentation végétale donne de la force musculaire autant que l'alimentation animale.

L'homme est omnivore, par sa constitution anatomique (dents et appareil digestif), comme par ses habitudes.

Les herbivores peuvent devenir carnivores, et inversement (oiseaux).

Rôle des *stimulants* qui ne sont pas des aliments. Vins — Alcools — Cafés — Thés.

A consulter:

BOUCHARDAT, *Traité d'hygiène*, 3e édition, 1887. pp. 42 à 309. — A. GAUTIER, Article *Nutrition* du *Dictionnaire de Chimie* de WURTZ, t. II. pp. 577 à 592. — DUJARDIN-BEAUMETZ, *Leçons de Clinique thérapeutique*, 1879, t. I, pp. 254 à 366.

Expérience mémorable de CLAUDE BERNARD sur la non dialyse de l'albumine, avant la digestion.

Des variétés de l'albumine.

Albumines, proprement dites.
Caseines.
Fibrines.
Légumine.
Gélatine.

Transformation de ces matières albuminoïdes en *peptones.*

Peptones, terme de transition entre l'albumine et les uréides cristallisables.

Leucine. Urée.
Glycocolle.

Type des albuminoïdes :

$$\begin{array}{l} CO - OH \\ | \\ CO - AzH^2 \end{array}$$

Rôle nul de l'urée et des substances azotées cristallisables comme aliments.

VII. Aliments *complexes.*

Ce sont des êtres entiers, végétaux ou animaux.

(Œuf. Lait. Graines).

Œuf.

Constitution de l'œuf:

Albumen	67
Vitellus.	33
	100

L'œuf, unique aliment de l'embryon.

Lait.

Importance nutritive du lait, unique aliment du nouveau-né. (Fromage, beurre, koumys).

Équivalence nutritive:

7 œufs = 1 litre de lait = 250gr de viande.

Comparaison schématique

	Lait	*Œuf*	*Viande*	*Pain*
Eau.	87.	71.	77.	40.
Albuminoïdes	4.	16.	20.	8.
Graisses . . .	4.	12.	2.	1.
Sucres. . . .	4.	0.	0.	50.
Sels.	1.	1.	1.	1.

Associations nécessaires:

Beurre et pain.
Œuf et pain.

Le pain n'a pas assez de graisses.

La viande n'a pas assez de matières féculentes.

Sucs digestifs multiples, avec glandes annexes.

Principe de MILNE EDWARDS sur la *division du travail.*

Glandes annexes chez les *Mollusques.*

Armature buccale des *Insectes.*

Chez les Vertébrés perfectionnement par la spécialisation plus complète.

Chez les *Oiseaux* surtout, on trouve :

Préhension :	bec.
Réception :	jabot.
Mastication :	gésier.
Sécrétion :	estomac.
Absorption :	intestin.

Chez l'homme, l'estomac est appareil de réception de mastication (ou broiement) et d'absorption.

Importance, mal déterminée encore, du *foie*, constant chez les êtres inférieurs.

IV. *Faim* et *Soif.*

Notion perçue, par la conscience, sur l'état général de l'organisme.

La faim ne siège pas dans l'estomac (elle n'est pas abolie par la section des pneumogastriques).

La soif ne siège pas dans le pharynx. Elle est apaisée par des injections intravasculaires de liquides.

Soif par spoliation de sang. (Hémorrhagies, intoxications).

Faim liée aux besoins de l'organisme. Les herbivores ont toujours faim.

Altérations de la notion de faim par les maladies, (la fièvre l'abolit), et les poisons (morphine, tabac).

V. *Inanition.*

Perte de poids par la combustion vitale.

Continuation des excrétions respiratoire, rénale, intestinale. — Finalement mort.

1°. *Durée de l'inanition.*

a. *Influence de l'espèce.*

Animaux à sang chaud (schéma):

Chiens	35 jours
Chats.	20
Chevaux . . .	20
Hommes . . .	20
Lapins	14

Élévation du larynx qui se cache sous l'épiglotte.

Le bol est saisi par les piliers postérieurs du pharynx.

Deuxième partie.

Plus d'actions volontaires. Alors tout devient réflexe.

Le pharynx s'abaisse avec sa proie.

Occlusion des fosses nasales par les constricteurs supérieurs.

Occlusion de la glotte qui supplée à l'épiglotte. Effets de la section de l'épiglotte (LONGET).

Renouvellement de l'air par la trompe d'EUSTACHI dans la caisse du tympan.

Troubles de la déglutition par les paralysies (notamment la paralysie du facial). Sensibilité susglottique qui empêche la pénétration des aliments dans les voies aériennes.

Troisième temps.

Progression dans l'œsophage. Mouvements péristaltiques.

II. *Glandes salivaires en général.*

Rôle de la salive.

a. Action *adjuvante à la mastication* (humecte les aliments secs).

b. Action *chimique* dissolvante de certains aliments.

c. Action *défensive* contre les ennemis (salives toxiques).

De là, dans la série animale:

1°. Manque chez les poissons (pas d'aliments secs).

2°. Rôle chimique presque nul chez les carnivores.

3°. Rôle toxique (ou de défense).

Appareil de défense de quelques insectes (fourmis, mygales, scolopendres), surtout des serpents venimeux.

Disposition spéciale de la mâchoire. Dents canaliculées. Projection de la mâchoire inférieure.

Histoire abrégée du venin des serpents. Problème obscur encore et très difficile.

Alimentation de *luxe*.

Dans les dernières heures abaissement rapide de la température. Mort fatale.

5°. *Quelques cas d'abstinence chez l'homme.*

Observation d'*hystériques*. — Léthargies.

Action du système nerveux sur l'intensité des échanges.

Symptômes de l'inanition.

Amaigrissement. Dépression des forces. *Délire*.

(Radeau de la Méduse).

(Expédition Flatters).

A consulter :

BÉRARD, *Cours de physiologie*, t. I, pp. 499 à 555. — CHOSSAT, *Recherches expérimentales sur l'inanition*, (in-4°). 1843. — LÉPINE, Article *Inanition* du *Dict. de médecine et de chirurgie pratiques de* JACCOUD.

QUATRIÈME LEÇON

DÉGLUTITION — GLANDES SALIVAIRES

I. *Déglutition.*

Mastication des aliments. Formation d'un *bol alimentaire*. Mouvements du maxillaire inférieur. Rôle des *dents*. Rapports de la dentition avec le genre de vie et par conséquent avec toute la structure organique (CUVIER).

Division de la déglutition en trois temps (MAGENDIE).

Premier temps :

Action de la langue et des joues.

Deuxième temps :

Première partie.

Tension du voile du palais qui s'élève (DEBROU).

Pigeons	. . . .	10
Cobayes	. . . .	6
Moineaux	. . .	2

Cette influence de l'*espèce* est surtout celle de la *taille*.

Combustions plus actives des petits animaux.

Influence du genre de vie, (les carnassiers résistent bien). — Influence des réserves nutritives (oies grasses).

Un chien a vécu 61 jours.

Tanner a jeûné 40 jours ; Merlatti, 50 jours.

b. *Influence de la température.*

Grande classification physiologique des êtres à sang chaud et à sang froid.

Durée extrêmement longue, (peut-être deux ans), du jeûne compatible avec la vie chez les reptiles, batraciens.

Consommation très faible de leurs tissus.

Animaux hibernants (marmottes, écureuils, chauves-souris). Perte de poids nul ou à peu près. Ils supportent l'abstinence pendant plusieurs mois.

2°. *Perte de poids par l'inanition.*

Chiens (10 k^{gs})	0^{gr} 7	par k^{g} et par heure.
Lapins (2 k^{gs})	1^{gr} 2	»
Cobayes (500^{gr})	2^{gr} 5	»

Belles expériences de CHOSSAT.

La mort survient quand la perte de poids est de 40 %, pour animaux à sang chaud et à sang froid.

Animaux à sang chaud 10 fois plus actifs: mort par inanition 10 fois plus rapide.

3°. *Perte de poids de chaque tissu.*

A la période finale de l'inanition:

Graisses	99 %
Foie et muscles .	50 %
Cerveau et os . .	0 %

Le cerveau ne maigrit pas: s'il maigrit, l'animal meurt.

4°. *Courbes thermiques.*

Très vite, dans l'inanition, la température baisse de 1°. Ensuite elle ne baisse presque plus.

Douleur extrême.

Paralysie.

Hémorrhagies de proche en proche avec œdème.

Destruction du sang.

Mort dans quelques cas, en une minute, pour l'homme.

Salive de tous les animaux toxique.

Ptomaïnes, ou Diastases toxiques.

Microrganismes infectieux (PASTEUR).

III. *Anatomie des glandes salivaires.*

Parotide. Canal de STÉNON,

Sous-maxillaire. Canal de WHARTON.

Sublinguale. Canaux de RIVINUS.

Glandules buccales.

Structure microscopique identique.

Glandes en grappe.

Cellules *secrétoires* et cellules *muqueuses* (HEIDENHAIN). Conduits excréteurs à fibres lisses.

Il y a une salive *mixte* et des salives *spéciales*.

IV. Composition de la salive mixte.

Schéma :

Eau	995
Matières organiques .	3,5
Matières minérales . .	1,5

Liquide essentiellement aqueux : plus que tout autre liquide organique.

Matières organiques. *Ptyaline* ou *diastase*. (Leuchs 1831, Mialhe 1838).

Importance générale des diastases. Leur diffusion dans l'organisme (sang, reins, pancréas, intestin, foie).

Diastases des plantes.

Ferments solubles.

Notions sur les ferments solubles. Température à laquelle ils sont détruits (de 40° à 65°).

Maximum d'action vers 40°.

Action de la salive sur les féculents.

Différence de l'amidon cru et de l'amidon cuit.

Transformation en *dextrine*, puis en *sucre*.

Expérience directe. Le pain devient sucré dans la bouche.

Procédés pour reconnaître et doser le sucre. Liqueur de FEHLING.

Préparation de la ptyaline par l'alcool ; par l'acide phosphorique, puis la chaux.

Action de la salive sur le sucre de canne. Milieux alcalins ou à peine acides, pour action de la ptyaline.

Variétés des salives des divers animaux. Beaucoup sont inactives.

Éléments minéraux de la salive. Bicarbonate de CaO. — Sulfocyanure de K (LONGET). — Calculs salivaires de phosphate de chaux.

Le rôle chimique de la salive est faible, il est surtout mécanique.

A consulter :

CLAUDE BERNARD, *Leçons de physiologie expérimentale*. t. II, pp. 22 à 170.

CINQUIÈME LEÇON

SÉCRÉTION SALIVAIRE

I. *Différences des diverses salives* (CLAUDE BERNARD).

S. *parotidienne*, non visqueuse, claire, pourtant riche en éléments solides

S. *sous-maxillaire*, muqueuse (mucine) visqueuse, pauvre en éléments solides.

S. *sublinguale*, extrêmement filante.

La parotidienne serait surtout pour la *mastication*.

La sous-maxillaire, pour *la gustation*.

La sublinguale, pour la *déglutition*.

Variétés d'action de ces diverses salives sur l'amidon. La salive mixte a une activité maximum.

II. *Action des nerfs sur la sécrétion salivaire*.

Importance de la question.

Tout ce que nous savons de l'action des nerfs sur les glandes a été constaté sur la salive.

Belles découvertes de LUDWIG (1841).

CLAUDE BERNARD (1852).

HEIDENHAIN (1872).

Action *directe*.

Action *réflexe*.

Notions sommaires sur l'arc réflexe comportant trois éléments.

a. Nerf sensible, centripète.

b. Centre nerveux de réflexion.

c. Nerf moteur ou glandulaire, centrifuge.

III. *Méthode d'expérimentation.*

Notions anatomiques.

Ganglion sous-maxillaire.

Anastomoses de ce glanglion avec le grand sympathique, le lingual, la corde du tympan.

Anatomie de la corde du tympan.

Glande sous-maxillaire du chien.

Canule dans le canal de WHARTON.

IV. *Excitation de la corde du tympan.*

Excitation directe. Écoulement salivaire.

Alors pression forte dans le canal de WHARTON. (LUDWIG). Température élevée de la salive.

Découverte de CLAUDE BERNARD. Coloration du sang veineux en rouge. Dilatation des artérioles. Afflux sanguin.

Caractères de la salive *tympanique.*

Excitation *réflexe* de la corde du tympan.

Influence des aliments qui provoquent ce réflexe. Influence des solutions sucrées et acides.

Section unilatérale.

Autres réflexes partant des viscères, de l'encéphale et de la moëlle (BOCHEFONTAINE), des nerfs de sensibilité (sciatique).

Réflexes salivaires psychiques.

Origine réelle de la corde du tympan.

Hypothèses diverses (nerfs de WRISBERG).

V. *Excitation du grand sympathique.*

Anémie de la glande.

Salive *sympathique*, filante, trouble et peu abondante.

Antagonisme de deux nerfs (corde du tympan et grand sympathique).

Le ganglion sous-maxillaire est-il un centre réflexe? (CLAUDE BERNARD. SCHIFF. VULPIAN).

Salive *paralytique*, (après section de la corde du tympan de chaque côté).

Indépendance des phénomènes sécrétoires et des phénomènes vasculaires.

Belles expériences de HEIDENHAIN sur l'atropine.

Terminaisons glandulaires paralysées par l'atropine qui n'agit pas sur les terminaisons vasculaires.

Nerfs glandulaires distincts des vasodilatateurs; corde du tympan, vasodilatateur type.

VI. *Phénomènes histologiques produits dans la glande par la sécrétion*.

Croissants semilunaires de GIANNUZZI.

Fonte des éléments épithéliaux.

Distinction des glandes *muqueuses* et des glandes *séreuses* (HEIDENHAIN), avec des nerfs spéciaux (?).

Théorie encore obscure et imparfaite.

Formation d'un nouvel épithélium sous celui qui est détruit par la sécrétion.

Impuissance des glandes à réagir directement à l'électricité. Irritation nerveuse nécessaire.

Influence des poisons. Action remarquable de la *pilocarpine*. Antagonisme de la pilocarpine et de l'atropine.

Expériences de LANGLEY sur l'excitation de la corde après pilocarpine.

VII. *Nerfs de la parotide.*

Nerf facial (auriculo-temporal).

Ganglion otique.

Nerf de JACOBSON.

Notions anatomiques sur la distribution de ces nerfs.

Petit pétreux superficiel (nerf centrifuge).

Trijumeau (nerf centripète).

VIII. *Élimination par la salive.*

Élimination de l'iode, des chlorates, de presque tous les poisons.

Élimination d'eau.

Sécrétion excrémento-récrémentitielle.

L'action de la ptyaline continue dans l'estomac.

Grande quantité de salive sécrétée par jour.

A consulter :

CLAUDE BERNARD, *Leçons sur le système nerveux*, t. II, pp. 140 à 177. — SCHIFF, *Leçons sur la physiologie de la digestion*, t. I, pp. 141 à 308. — VULPIAN, Cours publié dans le Journal *l'École de Médecine*, 1876, pp. 1 à 26.

SIXIÈME LEÇON

SUC GASTRIQUE.

I. *Glandes gastriques.*

Structure.

Leur ensemble représente une glande disséminée.

Tendance à se concentrer en une glande unique.

Variétés dans la forme des tubes. Uniformité dans la structure de l'épithélium.

II. *Procédés pour recueillir le suc gastrique.*

Ancienne méthode de Réaumur et de Spallanzani.

Méthode de la régurgitation et du mérycisme.

Méthode d'EBERLÉ. Infusions stomacales.

Méthode des fistules gastriques. Observation célèbre de BEAUMONT sur l'homme (1833). Observation de Ch. RICHET (1877).

Fistules gastriques chez les animaux (BLONDLOT, 1843, CLAUDE BERNARD, 1849).

Lavage de l'estomac. Méthode clinique (LEUBE, EWALD).

III. *Composition chimique.*

Liquide incolore, filant, contenant :

Matériaux solides	1, 0
Matières organiques . . .	0, 4
Matières minérales . . .	0, 6
Eau	98, 0
Total . . .	100, 0

Un acide et un ferment.

Quantité d'acide.

Procédés de dosage de l'acide.

A jeûn peu d'acide (0^{gr} 5 par litre).

Dans la digestion, de 1^{gr} 25 à 2^{gr} 5.

IV. *Acide du suc gastrique.*

Ancienne discussion controversée, résolue maintenant.

Opinion de PROUT, de BERZÉLIUS.

Expérience mémorable de A. SCHMIDT.

Les bases du suc gastrique ne suffisent pas à saturer le chlore qu'il contient. Donc HCl non combiné à des bases.

Nombreuses séries d'expériences colorimétriques pour montrer que HCl du suc gastrique n'est pas libre, mais faiblement combiné (LABORDE, RABUTEAU). Expériences sur l'éther et coefficient de partage.

Déplacement des bases par HCl.

Acide chloropeptique de SCHIFF.

Chlorhydrate de leucine et de pepsine (Ch. RICHET). Dialyse du suc gastrique.

Autres acides dans le suc gastrique altéré. Les deux acides peuvent coexister (HCl en excès).

Un autre se produisant par fermentation (Ch. RICHET 1878).

Depuis, recherches des médecins. Défaut d'HCl

dans les dyspepsies et le cancer de l'estomac (Réactifs D'UFFELMANN, de GUNZBURG).

HCl est l'acide le plus favorable. Mais d'autres agissent aussi pour digérer l'albumine.

V. *Ferment soluble du suc gastrique.*

Grande découverte par SCHWANN de la pepsine (1838).

Préparation de la pepsine.

Difficulté de la préparation. Plus on la purifie, plus on l'altère.

Méthode de WITTICH par la glycérine.

Méthode de BRUCKE par la cholestérine. (détestable méthode).

Méthode industrielle. Estomacs de porcs. Acide sulfurique dilué et chaux.

Méthode par l'acétate de plomb.

Méthode par l'alcool.

Méthode par l'infusion stomacale (pepsine très active, mais impure).

Dosage de la pepsine.

Méthode colorante de GRUTZNER.

Méthode du *Codex* par la fibrine du sang.

VI. *Autres ferments. Labferment* ou mieux *pexine* (Pagès).

Coagulation du lait.

Présure des caillettes de veau.

VII. *Propriété générale des ferments.*

Action des métaux lourds qui précipitent.

La chaleur détruit la pepsine qui devient isopepsine à 60°.

La pepsine ne se détruit pas par la digestion.

Expériences de Wurtz sur la fixation de la pepsine sur la fibrine. Comparaison avec les matières colorantes.

Généralité de la pepsine. Pepsine des végétaux. Papaïne. Plantes carnivores.

Distinction des *trypsines* (en solution alcaline ou neutre) et des pepsines (en solution acide).

Ferments figurés du suc gastrique.

Ils aident la fermentation acide. Le suc gastrique mélangé aux aliments continue à fermenter.

Fermentation lactique dans l'estomac des nouveau-nés. Acide sarcolactique.

Action des filtres poreux qui laissent passer la pepsine (A. GAUTIER).

Rôle antiseptique de HCl, non de la pepsine.

VIII. *Sécrétion du suc gastrique.*

Quantité secrétée (500gr par jour ?).

Influence de la digestion. Rôle des aliments stimulateurs.

Stimulants mécaniques.

Réflexes sécrétoires.

Rôle du système nerveux et des nerfs. *Pneumo-gastriques.* Arrêt de sécrétion après section des pneumo-gastriques.

Distinguer le suc gastrique proprement dit, le suc *pylorique* et le *mucus stomacal* de l'estomac vide, mucus sans acide ni pepsine.

Aspect de la muqueuse en repos et en digestion.

Formation de l'acide. Théorie *électrolytique.* Na dans l'urine. Cl dans le suc gastrique par décomposition de NaCl.

Expériences de CLAUDE BERNARD sur la digestion

de la muqueuse même, et sur le siège de formation de l'acide (KFeCy injecté dans le sang avec lactate de fer).

Dialyse des phosphates.

Propepsine d'HEIDENHAIN.

Pepsine dans le sang et dans l'urine.

Théorie de SCHIFF sur les peptogènes.

Rôle du bouillon et des peptones.

A consulter :

SCHIFF, *Leçons sur la digestion*, t. II. — CH. RICHET, *Suc gastrique de l'homme et des animaux*, 1878. — EWALD, *Leçons cliniques sur la pathologie de la digestion*, 1888, pp. 67 à 133. — CLAUDE BERNARD, *Leçons de physiologie opératoire*. pp. 492 à 574.

SEPTIÈME LEÇON

DIGESTION STOMACALE

I. *Digestions artificielles.*

Expériences de Spallanzani.

Digestion *in vitro,* donnant les mêmes résultats que la digestion *in vivo.*

Méthode des petits cubes d'albumines.

Méthode de la fibrine du sang.

Préparation de la fibrine du sang.

Action nulle du suc gastrique sur les sucres, les féculents, les graisses.

Action limitée aux albuminoïdes.

II. *Transformation des albumines en peptones.*

Caractères généraux des matières albuminoïdes.

Différences des albuminoïdes et des peptones (albuminose de MEISSNER et de MIALHE).

Action de la chaleur. Action des acides qui ne coagulent pas les peptones.

Le précipité alcoolique se redissout.

Précipitation des peptones par les métaux lourds.

Action de la liqueur de FEHLING.

La peptone injectée dans le sang ne passe pas dans l'urine (CLAUDE BERNARD).

L'hydratation de l'albumine à 100° représente la peptonisation (HENNINGER).

Action des acides et de la chaleur pour transformer l'albumine.

Pour la pepsine l'optimum de l'action sur l'albumine est vers 50°.

Différences entre la dissolution et la peptonisation.

Expériences de BOUCHARDAT sur la fibrine du sang et HCl.

Action de l'acide nitrique concentré pour étudier les réactions des peptones.

Variétés des diverses peptones. Peptone impuissante à la nutrition. Peptone empêche la coagulation du sang. Peptones de l'urine.

III. *De la digestion dans l'estomac.*

L'action de la salive se poursuit sur les féculents.

Les microbes interviennent dans les phénomènes de digestion.

L'acide HCl de l'estomac met en liberté les acides des sels ingérés.

Dyspepsie par excès de HCl. Dyspepsie par défaut de HCl. HCl et pepsine sont nécessaires.

Les produits solubles sont perpétuellement absorbés.

Graisse mise en liberté qui surnage.

Examen microscopique des matières *chymifiées*.

Réduction de la fibrine musculaire en granulations. Opalescence de l'albumine et ramollissement primitif.

IV. *Durée du séjour des aliments dans l'estomac.*

Occlusion du pylore et du cardia.

Le pylore s'ouvre-t-il en bloc ou par poussées successives ?

Variabilité de la durée du séjour selon les espèces, les aliments, les individus.

Dilatation de l'estomac.

Passage rapide du lait, passage très rapide des boissons, très lent des aliments indigestes. Indigestion.

Normalement, pas de bile dans l'estomac.

Pénétration anormale. Troubles de la digestion stomacale par la bile (précipitation des peptones et neutralisation de l'acide).

Régurgitation biliaire. Vomissement de matières fécaloides.

V. *Innervation de l'estomac.*

Innervation *sensitive* et *motrice*.

Effets de la section des pneumogastriques.

Paralysie de l'œsophage et de l'estomac.

Putréfaction des aliments. Suc gastrique cesse d'être acide.

Mort par inanition (?).

La faim non abolie.

Insensibilité de l'estomac.

Sensibilité réflexe glandulaire.

Sensibilité de l'estomac à l'état pathologique.

VI. *Digestion gastrique dans la série animale.*

Les *vertébrés* seuls ont suc gastrique acide.

Acidité des glandes salivaires (?) de quelques insectes et mollusques (avec acide formique ou SO^3).

Suc gastrique extrêmement acide des poissons. 15 ‰ d'HCl.

Digestion puissante des poissons. *Détroit pylorique.* Pepsine *active même à 0°.*

Digestion des herbivores. Rumination.

L'appareil stomacal des carnivores plus puissant que chez les herbivores.

Chez les oiseaux dissociation de l'estomac à trituration (gésier) et de l'estomac à sécrétion (ventricule).

VII. *Mouvements de l'estomac.*

Mouvements péristaltiques.

Progression des aliments.

Ganglion nerveux de l'estomac. Rythme propre des mouvements de l'estomac (RANVIER).

Occlusion du pylore et du cardia.

Les excitations qui ouvrent le cardia ferment le pylore (OPENCHOWSKI).

Excitation du plexus cœliaque.

Excitation directe des pneumogastriques.

VIII. *Vomissement.*

Acte anormal, extra-physiologique.

Théorie mécanique du vomissement.

Expérience célèbre de MAGENDIE (vessie de porc à la place de l'estomac).

Vomissements dus aux muscles abdominaux.

Compression de l'abdomen amenant l'éjection stomacale, si le cardia est ouvert.

Nécessité de l'ouverture du cardia.

Théorie de SCHIFF.

Impossibilité du vomissement chez certains animaux. Facilité chez d'autres.

Vomissement *réflexe.*

Réflexe psychique.

Réflexe de la muqueuse stomacale (indigestion, action de certains vomitifs SO^4Cu) ou de l'intestin (hernies étranglées).

Vomissement toxique. Influence des troubles de circulation. Injection d'eau. Expérience célèbre de MAGENDIE. Injection d'émétique dans les veines.

Le mal de mer est du à un trouble de la circulation bulbaire. Discussion.

Action de l'apomorphine.

Centre nerveux du vomissement

Bulbe au dessous des tubercules quadrijumeaux (?).

A consulter :

VULPIAN, Cours de *l'École de Médecine*, 1876, pp. 26 à 72. — COLIN, *Physiologie comparée*, 2e édition, t. I, pp. 631 à 780.

HUITIÈME LEÇON

PANCRÉAS ET RATE

I. *Historique.*

Glande salivaire abdominale.

Découverte de CLAUDE BERNARD. L'anatomie ne peut indiquer la fonction d'un organe.

II. *Anatomie.*

Structure. Glande en grappe.

Canal de WIRSUNG.

Canal accessoire de GRAAF.

Pancréas des poissons cartilagineux (aggloméré), osseux (disséminé).

Ampoule de VATER.

Conduits principaux et accessoires.

Pancréas accessoires.

III. *Procédés expérimentaux pour l'étude physiologique du suc pancréatique.*

Fistule pancréatique (MAGENDIE, CLAUDE BERNARD).

Infusion du pancréas.

Procédé de CLAUDE BERNARD. Destruction par injection de graisse.

Observations de malades atteints de cancer.

VI. *Caractères du suc pancréatique.*

Frais, il est très facilement altérable, visqueux, se prenant en masse, coagulable par la chaleur.

Coloration en rouge par le chlore (tyrosine).

Composition :

Eau	900
Matières organiques .	90
Sels minéraux. . . .	10 (dont 8 de NaCl).

Sécrétion intermittente provoquée par voie réflexe.

Influence du système nerveux inconnue, mais certaine.

Quantité *minime* du produit sécrété.

V. *Action sur les aliments.*

Action digestive énergique sur tous les aliments.

a. Diastase, qui agit sur les *féculents* (VALENTIN, 1844), et même sur l'amidon cru. C'est le seul liquide digestif qui agisse aussi activement sur l'amidon.

Dissolution et saccharification rapides.

b. Action sur les *matières albuminoïdes* (CORVISART, 1855).

Trypsine de KUHNE.

Zymogène de HEIDENHAIN. Le zymogène se dédouble en donnant la trypsine.

Préparation de la trypsine par la glycérine, puis l'alcool.

Action énergique de la trypsine sur les albuminoïdes.

Ramollissement sans gonflement.

Hydratation et dédoublement *poussés très loin.*

Le suc pancréatique met en liberté le noyau aromatique des matières albuminoïdes.

Formation de tyrosine, de leucine, d'acide aspartique, de glycocolle, de phénol et d'indol.

Sans suc pancréatique, plus de sulfophénates dans l'urine.

Altération des aliments par des microbes, qui agissent concuremment avec le suc pancréatique.

Action sur les *matières grasses*.

Observations de CLAUDE BERNARD sur le pancréas des lapins.

C'est le seul liquide digestif qui agisse sur les graisses.

Rappeler la constitution des graisses. Mise en liberté de l'acide. Dédoublement.

Émulsion des graisses.

Les autres liquides de l'organisme ne donnent pas une émulsion persistante.

Selles graisseuses après oblitération du canal de WIRSUNG.

VI. *Fistules pancréatiques.*

Disparition rapide, par altérations diverses, des propriétés du suc pancréatique frais.

Suc pancréatique *paralytique*, aqueux et inactif.

Amaigrissement, puis rétablissement.

VII. *Rate :* structure.

Fonctions très obscures.

Contractilité directe ou réflexe.

Changements de volume faciles et considérables (fièvres, course). Diverticulum du sang.

Différences du sang de la veine splénique avec les autres sangs. Expérience de BÉCLARD.

Rôle dans la formation du sang (?) ou dans sa destruction.

Rôle, d'après SCHIFF et HERZEN, dans la formation de substances zymogènes.

Pancréas inactif des chiens dératés.

Extirpation de la rate. Les animaux continuent à vivre et même engraissent.

Régénération de la rate.

Hypertrophie des glandes vasculaires sanguines accessoires (ganglions lymphatiques, moëlle des os, thymus, thyroïde).

Expérience de Horsley sur l'ablation de la glande thyroïde chez le singe. Myxoedème. Altération de la peau. Refroidissement.

A consulter :

Claude Bernard, *Leçons de physiologie expérimentale*, t. II, pp. 170 à 378.

NEUVIÈME LEÇON

BILE.

I. *Anatomie comparée du foie.*

Foie, organe constant dans toute la série animale.

Fonctions encore mal connues.

Dimensions considérables : 2 o/o du poids du corps.

Hypothèse peu soutenable d'une double glande.

Appareil biliaire. Structure.

Canaux excréteurs.

Absence de vésicule biliaire chez certaines espèces, même voisines de celles qui en ont.

Rapport probable avec le genre d'alimentation.

Diversité des rapports de la vésicule biliaire avec les canaux excréteurs.

Cellule hépatique.

Disposition des vaisseaux hépatiques.

II. *Composition chimique de la bile.*

Couleur. Réaction. Densité. Saveur.

Sur 1000 gr. 150 gr. d'éléments solides
850 gr. d'eau.

80 gr. sels biliaires.

Nature des sels biliaires (STRECKER).
Glycocholate de soude.
Taurocholate »

Glycocholate de NaO = glycocholle et acide cholalique.

Taurocholate de NaO = taurine et acide cholalique.

Réactions diverses (acide nitrique).

Bile cristallisée de PLATTNER (alcool et éther).

Réaction de PETTENKOFFER (sucre et SO_3).

Déviation de la lumière polarisée.

Action des sels biliaires sur l'organisme. Toxicité. Poisons cardiaques faibles.

Précipitent par les acides et les sels métalliques; précipitent les peptones.

Acides hyocholalique (porc) et chénocholalique (oie).

Mucine de la bile.

Ferment diastasique en minime quantité.

Pas de sucre ni d'urée.

Matières grasses abondantes. *Cholestérine.* Lécithine. Savons.

Calculs biliaires de cholestérine. Rôle de la cholestérine (probablement produit de déchet des oxydations nerveuses).

Alcalinité de la bile.

Matières colorantes. *Bilirubine. Biliverdine.*

Combinaison avec la chaux.

Origine des pigments biliaires.

Rapports chimiques de la bilirubine avec l'hémoglobine, l'hématine, l'urobiline.

De l'ictère et de son mécanisme.

III. *Action de la bile sur les aliments.*

Action presque nulle (légèrement diastasique).

Rien sur les albuminoïdes. Rien sur les graisses. (Émulsion non persistante).

Rôle dans la digestion.

1° Neutralise le chyme acide.

2° Précipite les peptones.

3° Imprègne l'épithélium intestinal.

4° Empêche la putréfaction dans l'intestin (?).

5° Stimule les contractions intestinales.

IV. *Fistules biliaires* (SCHWANN, 1843).

Mort assez rapide des animaux opérés.

Amaigrissement. Voracité. Digestion imparfaite des graisses. Matières fécales décolorées.

Sécrétion *activée* au moment de la digestion; continue avec redoublements.

Quantité considérable. Environ 500 gr. chez l'homme (?); peut-être 1000 gr.

Contraction de la vésicule et des conduits à fibres lisses.

Action du système nerveux encore peu connue.

Substances cholagogues.

V. *La bile, produit d'excrétion.*

La bile ne sert presque pas à la digestion.

C'est une *excrétion.*

Mort rapide des animaux (même grenouilles) à foie supprimé.

Différence entre la *résorption* de la bile et la *non sécrétion* de la bile.

Ligature de l'*artère hépatique (sans influence)*.

Ligature de la veine porte (arrêt de la production de bile).

Rôle excréteur des produits biliaires qui se retrouvent en partie dans les excréments.

Les animaux à jeûn ont des excréments qui sont des produits biliaires.

Transformation des sels biliaires. Circulation (de ces sels biliaires transformés) de l'intestin vers le foie et du foie vers l'intestin. *Rôle considérable*, encore mystérieux, du foie dans la nutrition.

A consulter :

CH. ROBIN, *Leçons sur les humeurs*, pp. 536 à 574. — GORUP-BESANEZ, *Traité de chimie physiologique*, t. I, pp. 717 à 744.

DIXIÈME LEÇON

FONCTION GLYCOGENIQUE DU FOIE

I. *Historique (très simple).*

CLAUDE BERNARD l'a découverte en 1850, et depuis cette époque a toujours traité cette question avec prédilection jusqu'à sa mort.

Tous les autres auteurs n'ont que des travaux accessoires sur la question.

II. *Sucre du sang et du foie.*

Procédés pour le dosage du sucre.

Sang avec sulfate de soude à 100°.

Puis liqueur de FEHLING pour doser.

Contre-épreuve : fermentation alcoolique.

Dosage comparatif du sang de la veine porte et

du sang des veines sus-hépatiques.

Différences considérables dans la teneur en sucre de ces deux sangs. Il y en a davantage dans les veines hépatiques.

Origine de ce sucre.

Vient-il de l'*alimentation* ? (Première objection faite à la découverte de CLAUDE BERNARD).

Non. (Jeunes animaux. Carnassiers. Animaux à jeûn, etc.).

Ce n'est pas non plus le sucre accumulé par la digestion.

III. *Glycogène.*

Expérience fondamentale dite du *foie lavé.*

Le foie est lavé, puis, après repos, on constate qu'il s'y est formé du sucre.

Ce sucre formé dépend d'une substance, dite *glycogène,* qui s'est transformée en sucre.

Préparation du glycogène. Foie bouilli, puis précipitation par l'alcool.

Glycogène, substance analogue à l'amidon.

Se colore en brun par l'iode.

Visible dans les cellules hépatiques.

Très abondant (quelquefois 15 %).

Objection de PAVY. C'est une fonction *cadavérique*.

Montrer au contraire que c'est une fonction *physiologique*, continuelle.

IV. Théorie de la formation du glycogène.

Accumulation dans le foie du sucre de la digestion, qui s'y transforme en glycogène.

Chez les *carnivores* (poissons par exemple) il y a *encore glycogène*. Donc les albuminoïdes et les graisses donnent du glycogène.

Dans le diabète, formation de glycose, quoique l'alimentation soit azotée.

Dans le jeûne, il y a aussi glycogène (au moins au début).

Rapport avec la formation d'urée (?).

V. *Destruction du glycogène*.

Ferments diastasiques du foie et du sang.

Expérience directe.

Transformation du glycogène en glycose.

Après 24 heures sur le cadavre plus de glycogène.

Foie contenant réserve de sucre pour la période non digestive.

Donc double phénomène : transformation du glycose en glycogène ; puis du glycogène en glycose.

VI. *Autres sources de glycogène.*

Glycogène du *placenta*, du *vitellus*, surtout des *muscles*, 1 %.

Importance fondamentale du glycogène musculaire.

Généralité de la transformation du glycogène en glycose sous diverses influences ; notamment l'influence nerveuse.

VII. *Glycosurie.*

Pas de sucre dans l'urine normale.

Examen direct. Substances qui sont analogues au sucre et rougissent la liqueur de FEHLING.

Dosage du sucre dans le sang. Quand il y a plus de 3 % de sucre, passage dans l'urine.

Belle expérience de la piqûre du quatrième ventricule, qui amène glycosurie. (CLAUDE BERNARD).

Cette *glycosurie* dépend de la *glycémie*.

La *glycémie* dépend de la dilatation des vaisseaux du foie.

Elle persiste après section des pneumogastriques. Elle est directe due à la paralysie des vaso-moteurs (?) ou à des nerfs glandulaires (?).

Théorie du diabète. Théorie *nerveuse*. Théorie par *defaut d'alcalinité* du sang.

Des diabètes toxiques (curare, asphyxie, chloroforme).

Polyurie coïncidant avec la glycosurie.

Voisinage des deux centres nerveux dans le bulbe.

Diabète *expérimental*, *passager*. Diabète constitutionnel persistant.

VIII. *Fonction glycogénique. Sa généralité.*

Rattacher la fonction glycogénique à la germination des plantes. Formation de fécule; puis saccharification par une diastase.

Glycogénie chez tous les êtres vivants.

Sécrétion glycogénique des vers et des mollusques.

Le sucre est mis en réserve et brule sous l'influence d'une stimulation nerveuse.

A consulter :

CLAUDE BERNARD, *Leçons sur le diabète*, 1877. — SEEGEN, *La Glycogénie animale* (traduction française), 1890.

ONZIÈME LEÇON

DIGESTION ET ABSORPTION INTESTINALES

I. *Triple fonction de l'intestin.*

Organe de sécrétion.

Organe de réception.

Organe d'absorption.

Richesse en nerfs et en vaisseaux.

Tégument interne.

Structure.

Muscles pour la contraction.

Glandes pour la sécrétion.

Villosités pour l'absorption.

II. *Suc intestinal.*

Méthode de THIRY pour le recueillir.

Fistules intestinales

Fistules duodénales chez l'homme. (BUSCH).

Caractères chimiques.

Alcalinité.

Quantité impossible à apprécier.

Action sur les aliments : il n'agit que sur l'amidon. Action assez énergique.

Ferment inversif (CLAUDE BERNARD) qui transforme le sucre de canne en glycose. Il y a aussi des traces de ce ferment dans la salive.

III. Suc intestinal *normal* et *pathologique*.

Flux intestinal provoqué par les *purgatifs*.

Théorie des *purgatifs*. Théorie de l'exosmose des sels (sulfates de soude ou de magnésie) qui absorbent l'eau du sang. Théorie (peu acceptable) des mouvements exagérés de l'intestin qui amènent la diarrhée.

Des substances qui stimulent la sécrétion intestinale par action sur les glandes (huile de ricin, huile de croton) : diarrhées infectieuses.

IV. *Action du système nerveux sur la sécrétion intestinale.*

Influence des émotions (action psychique).

Diarrhées réflexes.

Expérience de MOREAU sur l'énervation de l'intestin.

Phénomènes de *vasodilatation paralytique* et de sécrétion séreuse (avec leucocytes et diapédèse active).

Influence des vasomoteurs intestinaux.

Vascularité de l'intestin.

Influence du grand sympathique et de la moëlle.

V. *Absorption par l'intestin.*

Théorie physico-chimique de l'absorption.

Osmose de DUTROCHET et de GRAHAM.

Endosmose et *exosmose.*

Vie de la cellule. Absorption continuelle.

Corpora non agunt nisi soluta.

Absorption par les vaisseaux intestinaux.

Phases historiques de la question :

Foie; puis *chylifères* (histoire de la découverte des chylifères, EUSTACHI, ASELLI, PECQUET). Alors le rôle des chylifères est considéré comme prédominant jusqu'à MAGENDIE.

Les veines absorbent les peptones et le sucre. Les *chylifères* absorbent les graisses.

Hypothèses diverses sur l'absorption de la graisse. Structure des villosités.

Chyle. Rôle des ganglions mésentériques. Canal thoracique.

Absorption de tous les éléments solubles.

VI. *Matières fécales excrémentitielles.*

Composition.

La durée totale de la digestion est de 8 jours pour les herbivores et de 24 heures pour les carnivores.

Résidu abondant chez les herbivores à cause de la cellulose.

Résidu presque nul chez les carnivores.

Absorption dans le *gros intestin*.

Lavements nutritifs. Lavements médicamenteux.

Matières colorantes biliaires des fèces.

Savons biliaires.

Substances grasses.

Substances indigérables (poils, cornes, cellulose, débris divers).

Indol. Scatol. Excrétine.

VII. *Digestion intestinale.*

Préparation par l'estomac.

Peptones précipités par la bile, et d'ailleurs beaucoup d'albumines ont échappé au suc gastrique.

Suc pancréatique, avec bile et suc intestinal achevant la liquéfaction.

Absorption rapide au fur et à mesure de la solubilisation.

Rôle des microbes. Digestion cœcale. La cellulose est attaquée par les microbes. Gaz de l'intestin (50 °/₀ de CO_2). Fermentations lactique, butyrique etc.

Véritable putréfaction intestinale avec absorption rapide des produits.

VIII. *Mouvements de l'intestin.*

Stimulation directe et réflexe par les aliments.

Contractions dans deux sens (péristaltiques et annulaires).

Centres nerveux ganglionnaires. Action de l'air.

Influence de la moëlle (spécialement dans l'asphyxie). Expériences sur les lapins.

Belle expérience de PFLUGER sur l'excitation du nerf splanchique qui est un *nerf d'arrêt*.

Ligature de l'aorte. L'anémie des ganglions nerveux est un stimulant de l'intestin.

IX. *Défécation.*

Sphincter anal.

Diaphragme inférieur.

Contractions des muscles de l'abdomen.

Contraction du muscle intestinal.

Influence de la volonté.

Stimulations réflexes (de l'anus et du rectum.)

Stimulations centrales (asphyxie, strangulation, etc.)

Contractions rythmiques de l'anus.

Centre *ano-spinal* (MASIUS).

A consulter :

A. GAUTIER, *Chimie appliquée à la physiologie*, t. I, pp. 409 à 436 et t. II, pp. 292 à 305 (1874). — BÉRARD, *Cours de physiologie*, t. II, pp. 409 à 502. — VULPIAN, *Leçons sur les vaso-moteurs*. t. I, pp. 457 à 523.

DOUXIÈME LEÇON

SANG ET GLOBULES ROUGES

I. *Sang en général.*

Invertébrés : sang incolore.

Vertébrés : sang rouge avec globules.

Circulation en général.

Par la respiration et la digestion, le sang reste invariable et suffit aux besoins de l'être. Par la circulation, il est répandu partout.

Il a un rôle *afférent* et un rôle *efférent*.

Il contient des produits de *nutrition* et des produits de *dénutrition*.

II. *Coagulation du sang.*

Phénomène constants dan la série animale.

Obscurité de la question.

Variation suivant les animaux — lente chez le cheval (plusieurs heures en hiver) — immédiate chez le cobaye — de 5 à 8 minutes chez l'homme.

Influence nulle des germes de l'air, du CO^2 et de l'O de l'air ou du sang, de la température ou de l'électricité.

C'est la coagulation de la fibrine.

Dosage de la fibrine : 3 ‰.

Procédé du battage.

Rétraction du coagulum.

Caillot, mélange de globule et de fibrine ; en haut *sérum*.

Couenne du sang.

Caractères chimiques de la fibrine. Action sur l'eau oxigénée.

Fibrine dans les maladies (ANDRAL et GAVARRET 12 ‰ dans les fièvres aigües).

Influence de la paroi des vaisseaux (concrétions anévrysmales etc.).

Rôle des hématoblastes (HAYEM).

Substances qui empêchent la coagulation.

Peptones (ALBERTONI).

Thromboses. Embolies.

III. *Hypothèses sur la coagulation.*

Hypothèse de DENIS. Dédoublement de la fibrine. Expériences avec le sulfate de magnésie. Fibrine dissoute. Fibrine concrète.

Hypothèse de SCHMIDT. Substance fibrinogène du sang normal (c'est une globuline qui se précipite par le sulfate de magnésie).

La *fibrinogène* se précipite par l'addition de *fibrinoplastique.*

La fibrinoplastique serait produite par les hémoblastes ou les leucocytes.

Obscurité de cette théorie imparfaite.

Peut-être un troisième ferment serait-il nécessaire (?).

IV. *Constitution des globules.*

Sur 1000 gr. de sang :

Sérum	650
Globules	350

Ces 350 gr. de globules contiennent :

Eau	230
Matières solides. .	120

Ces 120 gr. de matières solides contiennent :

Hémoglobine. . .	100
Albuminoïdes . .	10
Lécithine / Cholestérine . .	5
Sels minéraux . .	5

Le sang contient donc 10 % d'hémoglobine.

V. *Découverte de l'hémoglobine.*

Cristaux de sang (FUNKE, REICHERT).

Formes diverses sur le cobaye, sur le cheval, sur l'homme.

Le sang contient plus d'O que l'eau (MAGNUS, BERZÉLIUS).

Découverte fondamentale de CLAUDE BERNARD sur l'intoxication par l'oxyde de carbone. C'est le globule qui fixe l'oxygène.

Découverte de HOPPE-SEYLER sur la substance chimique qui fixe l'oxygène et qu'il appelle *hémoglobine*. Les cristaux de sang sont hémoglobine.

VI. *Constitution chimique de l'hémoglobine.*

Préparation :

Sang de cobaye. Sang de cheval. (Ether, congélation.

Préparation avec le sang putréfié.

Séparation du stroma du globule de l'hémoglobine elle-même.

Propriétés chimiques : dissout l'oxygène.

Oxyhémoglobine.

Action sur le spectre. Raies d'absorption de l'oxyhémoglobine et de l'hémoglobine réduite. Mêmes raies pour l'oxyhémoglobine et la carboxyhémoglobine.

Applications à la médecine légale.

Dissociation de l'oxyhémoglobine dans les tissus ; 100 gr. d'hémoglobine pure dissolvent 140 gr. d'oxygène.

Comparaison de l'hémoglobine avec les autres albuminoïdes.

Action de l'acétate de plomb. Cristallisation

Coloration. Fer contenu dans sa molécule très compliquée (0. 42 0/0 de Fer).

Non identité entre une dissolution d'hémoglobine et le globule rouge.

Action de la chaleur : transformation en *globuline* et en *hématine*.

L'*hémine* est du chlorhydrate d'*hématine*.

Méthémoglobine (probablement bioxyde d'hémoglobine).

Substances colorantes de l'organisme (bilirubine et urobiline) dérivant de l'hématine.

VII. *Dosage de l'hémoglobine.*

A. Comparaison de la capacité respiratoire avec une solution d'hémoglobine titrée.

B. Comparaison avec la coloration d'une solution d'hémoglobine titrée.

C. Comparaison avec le picrocarminate d'ammoniaque (mêmes raies d'absorption).

D. Dosage du fer contenu.

VIII. *Numération des globules.*

Procédés divers.

A l'état normal *5 millions par millimètre cube.*

Voir si la richesse du globule en hémoglobine a varié, ou si le nombre des globules a varié.

Influence des fièvres, des intoxications, des hémorrhagies, sur le nombre des globules.

Chlorose.

Rôle hématopoiétique obscur de la rate et du foie.

Hématoblastes.

Substances qui détruisent le globule rouge.

Hémoglobinurie (Ether nitreux).

IX. *Globules dans la série animale.*

Hémoglobine des invertébrés, dissoute.

Hémoglobine des muscles.

Peu d'hémoglobine dans le sang des vertébrés à sang froid.

Globules à gros noyaux des fœtus et des vertébrés inférieurs.

Nombre et dimensions des globulese extrêmement variables. Tableau de MILNE EDWARDS.

Enormes globules des batraciens.

Très petits globules des mammifères agiles et de taille médiocre (Chèvres).

Chez certains invertébrés *hémocyanine*. (P. BERT, FRÉDÉRICQ.)

Globules blancs ou *leucocytes* (ROBIN).

Comparaison avec les globules rouges. Généralité des leucocytes dans la série animale.

Diapédèse.

A consulter :

HAYEM, *Du sang et de ses altérations anatomiques* (1889). p. 1 à 610. — CH. ROBIN. *Leçons sur les humeurs*, p. 25 à 212. — CLAUDE BERNARD. *Leçons sur les liquides de l'organisme*, t. I. p. 252 à 519.

TREIZIÈME LEÇON

SANG, SÉRUM ET LYMPHE

I. *Composition chimique du plasma.* Schéma.

Sur 1000 gr. de sang :

Globules . .	350
Sérum . . .	650

Fibrine	3	80,0
Sérine.	75	
Peptones.	2	
Biliverdine, Urobiline		traces
Glucose.		0,3
Urée		0,3
Matières grasses. . . .		1,5
Matières extractives . .		1,5

Sels min.	Chlorure de sodium	4,0	6,0
	Phosphates, sulfates	1,0	
	Carbonates	1,0	

II. *Matières albuminoïdes.*

Plasmine de DENIS (25 par 1000 gr. de sang).

Sérine du sang (50 par 1000 gr. de sang) Analogie avec l'albumine, coagulation par les acides et les sels métalliques.

Coagulation fractionnée par la chaleur. Peptones et pepsine. Quantités très variables. Un ferment diastasique.

Autres ferments nombreux, mal connus.

III. *Autres substances du sang.*

Urée et glycose en proportion variable.

Diversités notables des sangs veineux selon les organes d'origine.

Constance relative du sang artériel. Matières grasses. Cholestérine. Lécithine. Savons. Odeur spéciale par des acides gras caractéristiques.

Matières *extractives*. Acide urique, créatine, xanthine, hypoxanthine, acide hippurique, acide lactique etc.

IV. *Sels minéraux.*

Alcalinité du sang, répondant à environ 2 gr. de NaOH.

Carbonates et phosphates alcalins de sodium.

Antagonisme des globules (avec KCl) et du plasma (avec NaCl).

Nécessité de NaCl.

Antagonisme des globules (qui retiennent O) et du plasma (qui retient CO^2) par ses phosphates et ses carbonates.

V. *Lymphe.*

Analogie avec le sang (moins les globules).

Coagulation spontanée. Coloration propre.

Différences du chyle et de la lymphe.

Plus d'eau dans la lymphe.

Grande proportion d'urée (WURTZ).

La lymphe est le sang des invertébrés.

Différences entre le sérum et la lymphe.

VI. *Quantité du sang.*

Méthodes diverses pour la mesurer.

Méthode de WELCKER, de VALENTIN.

Il y a 1/13 environ de sang chez l'homme (1/20 lapin, 1/11 chien). Proportion plus faible chez les vertébrés inférieurs, et chez les nouveaux-nés.

Certains animaux plongeurs ont beaucoup de sang (par exemple le canard. P. BERT).

VII. *Hémorrhagie.*

Effets généraux de l'hémorrhagie.

Epuisement. Faiblesse musculaire. Anhélation. Soif. Convulsions.

Survie quand la quantité extraite est inférieure à 1/20 environ (chien).

Réparation après hémorrhagies.

VIII. *Transfusion.*

Historique. DENIS (1667).

Retour à la vie par la transfusion.

Transfusion directe ou indirecte (péritonéale).

Injections de sérum, d'eau salée, de solutions sodiques, etc.

Action toxique de sang étranger sur les globules. Sang d'anguille très toxique. (Mosso). Sang d'oiseau assez toxique.

La transfusion, stimulant du système nerveux.

Utilité et dangers de la transfusion.

Rôle dans les hémorrhagies rapides et abondantes (plaies par armes à feu, accouchement, etc.)

IX. *Fonction générale du sang.*

Aperçu sur les gaz du sang.

L'hémoglobine chasse le CO_2 des carbonates alcalins (PREYER).

Influence des acides et des alcalins sur la combustion propre du sang.

Expériences sur la combustion propre du sang. (Schéma de SCHUTZENBERGER).

De la *dissociation* (SAINTE-CLAIRE-DEVILLE).

Les phénomènes respiratoires sont des phénomènes de dissociation.

Les secrétions, les phénomènes nerveux et musculaires se produisent dans le tissu même, sans que le sang soit immédiatement nécessaire.

Rôle fondamental de la tension des gaz (O et CO^2) dans le sang.

La *couleur du sang mesure la quantité* de O qui s'y trouve.

Les tissus vivent dans le sang.

Expérience des grenouilles salées (COHNHEIM).

A consulter :

COLIN. *Traité de physiologie comparée*, t. I, p. 141 à 240. — HAYEM. *Leçons sur les modifications du sang*. (1882).

QUATORZIÈME LEÇON

CIRCULATION, MOUVEMENTS DU CŒUR

I. *Circulation en général.*

Nécessité de la vie des tissus, et d'un apport d'oxygène et de matériaux nutritifs.

Circulation dans les plantes. *Sève.*

Circulation des animaux inférieurs (*lacunaire ou digestive*).

Chez les êtres supérieurs système circulatoire distinct de l'appareil digestif et de l'appareil respiratoire.

Organe central d'impulsion : *cœur.* Variétés du cœur. *Vaisseau dorsal* des insectes.

Distinction du cœur droit (veineux) et du cœur gauche (artériel).

Cœur à trois cavités. Cœur du fœtus.

Circulation lymphatique des êtres supérieurs.

Analogie de la circulation lymphatique avec la circulation lacunaire des êtres inférieurs.

II. *Histoire de la circulation.*

Opinions de Galien. Circulation *hépatique.*

Les aliments vont au foie, et du foie aux tissus.

Les artères ont de l'air.

Découverte de la circulation pulmonaire par Michel Servet (1553).

R. Colombo. Césalpin. Fabrice d'Acquapendente. Vésale.

Admirable livre de Harvey (*De motu cordis* 1628) Physiologie expérimentale. Méthode précise.

Comment Harvey a démontré la circulation.

Polémique; triomphe final de la doctrine à la fin du xviie siècle.

Méthode contemporaine, *graphique,* pour l'étude de la circulation.

Travaux de M. Ludwig et de M. Marey.

III. *Mouvements du cœur.*

Rythme du cœur.

Méthodes d'examen. Appareils graphiques. Cœur du chien curarisé à thorax ouvert.

Cardogrammes chez l'homme, le chien.

Cœur de la grenouille. Description. Aspect de la *systole* et de la *diastole*.

Systole des 2 oreillettes avec gonflement du ventricule.

Systole du ventricule qui pâlit.

Repos et réplétion du cœur.

Construction du cœur chez les animaux supérieurs.

Expériences de CHAUVEAU et MAREY sur le cheval. Analyse du graphique obtenu. Procédé expérimental.

Ectopies du cœur. Cas de GALIEN, de HARVEY.

Rôle des valvules sigmoïdes, des valvules auriculo-ventriculaires.

Différentes hypothèses sur l'état des valvules auriculo-ventriculaires pendant la systole (en forme de dôme, ou de cavité).

Aspiration du sang par le cœur (?).

Abaissement du cœur.

Choc précordial.

IV. *Pression cardiaque.*

Appareils *hémodynamométriques* (HALES — POISEUILLE — LUDWIG — MAREY).

Rôle de la respiration dans la pression cardiaque qui est négative pendant le repos du cœur et l'inspiration.

Rôle de la contraction du muscle cardiaque.

Rôle des valvules sigmoïdes.

V. *Variations de volume du cœur. Travail du cœur. Quantité de sang lancée à chaque systole.*

Chaque ondée sanguine = 180 gr. chez l'homme adulte ; un homme de 70 kil. a 5 kil. de sang. Il faut 28 systoles pour la circulation totale de la masse du sang.

VI. *Bruits du cœur.*

Importance des bruits du cœur

(HARVEY. LAENNEC).

Rôle énorme dans le diagnostic des maladies du cœur.

Les bruits du cœur sont produits par l'occlusion des valvules (ROUANET 1832).

Le second bruit est dû au claquement des valvules sigmoïdes.

Le premier bruit dû en partie au claquement des valvules auriculo-ventriculaires, en partie au bruit musculaire propre du cœur.

Différences de tonalité et de siège du premier et du second bruit.

Le premier bruit répond au choc du cœur, au pouls et à la systole ventriculaire.

Différence de force (et de résistance) du cœur droit et du cœur gauche.

Affections du cœur *expérimentales :* bruits *pathologiques* du cœur.

VII. *Rythme cardiaque.*

Variations avec l'âge. (Les variations dépendent peut-être de *la taille*).

Variations du rythme en raison inverse de la taille. Par minute 32 systoles (cheval), 72 (homme), 100 (chien), 140 (lapin), 180 (cobaye).

Influence du *système nerveux* (à étudier dans la leçon suivante).

Influence de l'*état du sang* (asphyxique).

Influence *du travail à accomplir*. Loi de MAREY.

Plus le travail est fort, plus le cœur est lent.

Cœur artificiel de MAREY.

VIII. *Nutrition et irrigation du cœur.*

Anémie du cœur.

Vitalité *persistante* du cœur des animaux à sang froid.

Vitalité fragile du cœur des mammifères et des oiseaux, après anémie. Expériences : avulsion du cœur; ligature des artères coronaires; injection d'air et de poudres inertes.

Théorie de BRUCKE sur l'*occlusion* des artères coronaires pendant la systole, cause de la diastole.

Comparaison de la contraction cardiaque avec la contraction musculaire.

Secousse unique ou tétanos ?

Influence des excitations électriques qui arrêtent le cœur (chez le chien).

Propagation de l'électricité cardiaque à l'organisme (WALLER).

Persistance de l'irritabilité cardiaque après la mort. Oreillette droite *ultimum moriens*.

Excitation directe du cœur par l'électricité (période réfractaire de MAREY).

Action de la température (cœur de tortue, cœur de chien).

A consulter :

HARVEY. *La circulation du sang. (trad. franç. 1879).* — BARTH ET ROGER. *Traité d'auscultation.* — MAREY. *La circulation du sang.* (2e éd. 1881, p. 1 à 157).

QUINZIÈME LEÇON

INNERVATION DU CŒUR

I. *Anatomie des nerfs du cœur.*

Ganglions nerveux extra-cardiaques. Ganglions de Wrisberg. Ganglions de Remak, de Bidder (chez la grenouille).

Rapports des nerfs cérébro-rachidiens avec ces ganglions.

Nerf pneumogastrique (anastomosé avec le spinal).

Nerf grand sympathique et ganglions (cervicaux supérieurs, inférieurs, thoracique).

Nerf de Ludwig et Cyon.

II. *Fonction rythmique propre du cœur.*

Cœur sans ganglions des invertébrés.

La pointe du cœur (sans ganglions), est irritable.

Ligature du cœur de la grenouille. Expérience de STANNIUS.

III. *Action du pneumogastrique sur le cœur.*

Expérience mémorable des frères WEBER (1843).

Effets de l'excitation du pneumogastrique.

Effets de la section qui accélère le cœur.

L'excitation prolongée n'amène pas la syncope mortelle.

Différences des pneumogastriques droit et gauche dans l'arrêt cardiaque.

Généralité du phénomène chez les divers animaux.

Graphiques montrant la chute de la pression artérielle simultanée avec l'arrêt du cœur par l'excitation du sang.

Influence de la température.

Influence de l'âge (action faible du pneumogastrique chez les nouveau-nés).

Cœur irrégulier du chien devenant régulier après section des pneumogastriques.

Diminution de la force du cœur après la section des pneumogastriques.

L'excitation du bulbe agit sur le cœur par l'intermédiaire du pneumogastrique.

Expérience célèbre de Traube sur la digitale qui ne ralentit plus le cœur quand les pneumogastriques ont été coupés. Arrêt du cœur chez la grenouille par un choc bulbaire.

Les excitations *psychiques* et *médullaires* agissent comme excitants *réflexes* de l'activité du pneumogastrique. Choc de l'intestin (chez la grenouille) qui arrête le cœur.

Syncopes par émotion morale.

Toute excitation de la moëlle et du cerveau retentit sur le cœur.

IV. *Terminaisons du pneumogastrique dans les ganglions modérateurs (?).*

Epuisement rapide de ces ganglions (Tarchanoff) alors que les pneumogastriques ne sont pas épuisés.

Poisons des terminaisons du pneumogastrique. *Expérience fondamentale avec l'atropine* qui paralyse les terminaisons du pneumogastrique.

Origine des fibres modératrices du cœur.

Probablement elles viennent du spinal, comme le prouve l'expérience de WALLER qui arrache le spinal, et constate, au bout de quelques jours, que le pneumogastrique est sans action.

V. *Théories de l'arrêt du cœur par le pneumogastrique.*

Théorie de l'*épuisement rapide* (insoutenable, et que l'on ne soutient plus).

Théorie de l'inhibition (BROWN-SÉQUARD).

Nécessité d'admettre l'arrêt de mouvement par une excitation nerveuse.

L'arrêt du mouvement et l'inhibition existent pour d'autres nerfs (nerf splanchnique pour l'intestin).

Analogies de l'inhibition avec les phénomènes optiques de l'*interférence* (CLAUDE BERNARD).

VI. *Nerfs accélérateurs du cœur.*

Fibres accélératrices dans le pneumogastrique, constatées par l'excitation faible du nerf, ou par l'excitation forte après empoisonnement avec l'atropine

Fibres accélératrices dans le grand sympathique (BEZOLD).

Effet des fibres accélératrices inférieur en puissance à l'effet des fibres modératrices.

Effets de l'excitation du cerveau (Zone motrice).

VII. *Réflexes cardiaques.*

Conséquences de la double action nerveuse antagoniste.

Les excitations faibles de la sensibilité accélèrent le cœur.

Les excitations fortes l'arrêtent.

C'est une loi soumise à beaucoup d'exceptions.

Par le système nerveux, la circulation de l'être en rapport avec le milieu extérieur et le milieu intérieur.

VIII. *Poisons du cœur.*

Rôle des anesthésiques. Ils ne touchent que tardivement à la fonction cardiaque.

Abolition primitive des réflexes cardiaques.

A dose plus forte, *ils paralysent les ganglions propres du cœur* (syncopes cardiaques dans la chloroformisation).

Action de la muscarine, des sels de K, des venins.

A consulter :

REYNIER. *Nerfs du cœur. Thèse d'agrégation,* 1881. — FRANÇOIS-FRANCK. *Travaux du laboratoire* de M. MAREY, t. II, 1875, p. 271 à 305 ; — t. III, 1877. p. 187 à 249. — CLAUDE BERNARD. *La science expérimentale,* p. 316 à 366.

SEIZIÈME LEÇON

CIRCULATION ARTÉRIELLE

I. *Structure des artères*, qui indique leur fonction.

Tissu élastique.

Tissu musculaire.

Différences entre les grosses et les petites artères.

Du cône artériel ; augmentation de l'aire vasculaire à mesure qu'on s'éloigne du cœur.

II. *Elasticité artérielle*.

Expérience fondamentale de MAREY. Rôle de l'élasticité.

Le débit est rendu régulier par l'élasticité.

Affaiblissement du choc systolique à mesure qu'on s'éloigne du cœur.

Résistance des artères.

Effets des traumatismes ; rétraction de l'artère.

III. *Pouls.*

Importance de la notion du pouls dans l'ancienne médecine.

Sphygmographie : (VIERORDT, 1855. MAREY, 1860).

Nombreux appareils sphygmographiques qui donnent la forme de la pulsation.

Interprétation d'un sphygmogramme.

Dicrotisme normal.

Exagération de ce dicrotisme dans certaines maladies.

Pouls des petites artères.

Pouls des artères après un anévrysme.

Pouls de *l'insuffisance aortique*, et des affections valvulaires du cœur.

Retard du pouls.

Onde sanguine. Rapports de l'onde sanguine avec la vitesse du sang.

IV. *Pression artérielle.*

Mesure de cette pression. Hémodynamomètre Hales (1733). Poiseuille (1829). Ludwig (1847). — Différence du manomètre à mercure et du manomètre élastique.

Valeur absolue de la pression. (Chien, 20 cm. de Hg ; lapin, 10 cm. ; grenouille, 3 cm.).

Forme de la courbe de la pression artérielle.

Pression variable.

Pression invariable.

Influence des systoles cardiaques.

Influence de la respiration.

Difficultés de mesurer directement la pression artérielle sur l'homme.

Variations de la pression artérielle.

Influence du *cœur central*.

Influence du *cœur périphérique*, c'est-à-dire dilatation ou rétrécissement des petites artères, par conséquent de l'aire du champ artériel.

De cette double influence dépend l'état de la pression.

Influence du système nerveux sur l'un et l'autre cœur (central et périphérique).

Le cœur bat *d'autant plus vite* que la pression *est plus faible*. C'est une régulation automatique. Expérience avec le cœur schématique de Marey.

Mais sur l'être vivant le système nerveux joue un rôle très important par son action tonique : (ainsi l'injection d'eau dans le sang n'augmente que très peu la pression artérielle).

IX. *Vitesse du sang* dans les artères.

Expériences de Volkmann, de Chauveau, avec l'hémodromomètre.

Ne pas confondre la vitesse du sang avec l'onde sanguine. La vitesse du sang est de 25 à 30 centimètres par seconde.

Elle est maximum à l'aorte, et, de là aux petites artères, va en décroissant.

Expériences de Hering. Mesure de la vitesse par la rapidité avec laquelle apparaît une substance injectée.

Il faut 30 systoles pour une révolution de tout le sang.

Cycle rapidement parcouru : 6" à 7" chez les petits animaux : 20" à 30" chez le cheval.

Rapports de la vitesse avec la pression. La pression augmente avec la vitesse, quand l'augmentation de pression vient du cœur. Quand l'augmentation de pression vient des vaisseaux périphériques, la vitesse diminue quand la pression augmente.

Autres phénomènes de la circulation artérielle.

Locomotion des artères.

Bruits artériels. Leur cause.

Pression dans le bout périphérique d'une artère coupée (carotide par exemple), par suite des anastomoses, avec l'artère du côté opposé.

Rétablissement de la circulation après ligature d'une artère.

A consulter :

MAREY. *La circulation du sang*, 1881. p. 178 à 350.

DIX-SEPTIÈME LEÇON

VASO-MOTEURS

I. *Contractilité des artères.*

Expériences directes.

Rythme propre de quelques artères (oreille du lapin).

Excitation électrique d'une artère et ses effets.

Observations anatomiques de HENLE.

II. *Découverte de Claude Bernard sur le rôle du grand sympathique cervical* (1852).

Expérience fondamentale : section du sympathique au cou du lapin.

Phénomènes vasculaires de l'oreille dont les artères se dilatent.

Effets de l'excitation électrique.

Généralisation de ces phénomènes :

Toutes les artères ont des nerfs vaso-moteurs.

Il y a donc des circulations *locales* dont l'ensemble constitue la circulation *générale*.

Les filets du grand sympathique accompagnent les autres nerfs (par exemple sciatique). Effets de la section.

III. *Phénomènes de la vaso-constriction.*

Excit. directe
- du grand sympathique cervical (oreille),
- du sciatique (membre inférieur),
- du pneumogastrique (poumons).

Phénomènes de la *vaso-dilatation*.

Difficulté d'en bien comprendre le mécanisme. Est-ce une vaso-dilatation active (?) ou une *paralysie* (par inhibition) *des vaso-constricteurs*.

Défaut d'une explication rationnelle.

IV. *Nerfs vaso-dilatateurs.*

Érection.

Nerfs érecteurs d'ECKHARDT.

Disposition de l'appareil érectile du gland, des corps caverneux de la verge, des organes érectiles des oiseaux.

Mécanisme de l'érection.

Vaso-dilatation de la glande sous-maxillaire (*corde du tympan*); de la face et des lèvres par le pneumogastrique (DASTRE et MORAT); de la base de la langue par le glosso-pharyngien (VULPIAN); de l'intestin (Nerf de LUDWIG et CYON).

Nerfs vaso-dilatateurs des muscles (?).

Détails sur ces actions vaso-dilatatrices.

V. *Circulation générale.*

Tonus vasculaire.

Cœur périphérique.

Excitations des centres nerveux.

Electrisation de l'écorce cérébrale chez les chiens curarisés.

Centre vaso-moteur bulbaire (OWSAJNISSKOW) pour l'ensemble de tous les vaso-moteurs disséminés.

Abaissement de la pression artérielle et du tonus artériel après la section sous-protubérantielle de la moëlle.

Les poisons paralytiques du système nerveux abaissent la pression artérielle. Les poisons *convulsifs* l'élèvent.

Influence de la section de la moëlle sur la radiation thermique et l'état des vaso-moteurs de la périphérie.

Influence de la nicotine et du nitrite d'amyle.

Effets des excitations du bulbe et de la moëlle qui font monter la pression.

Tonus local pour chaque organe.

VI. *Réflexes vaso-moteurs psychiques.*

Influence de l'émotion psychique sur la rougeur, sur l'érection, sur la pression artérielle, par l'intermédiaire du cœur central ou du cœur périphérique.

Le cœur périphérique, comme le cœur central, se met en rapport avec le milieu extérieur par l'intermédiaire du système nerveux.

VII. *Applications à la pathologie.*

Les vaso-moteurs ne modifient pas les échanges intimes des tissus. Les nerfs glandulaires distincts des nerfs vaso-moteurs, distincts des nerfs thermiques.

On exagère le rôle des vaso-moteurs dans les phénomènes pathologiques ou nutritifs.

Congestions. Œdème. Anémie.

Des congestions locales par irritation (conjonctive). Congestions viscérales par lésion des centres nerveux (Brown-Séquard).

Rôle des vaso-moteurs dans les phénomènes cérébraux. *Anémie cérébrale.*

Gangrène symétrique des extrémités. Mal perforant. Anémie symétrique. Rapport des nerfs vaso-moteurs avec les nerfs trophiques.

Aperçu d'ensemble sur la régulation de la

circulation par l'appareil cardiaque et l'appareil vaso-moteur.

A consulter :

VULPIAN ; *Leçons sur les vaso-moteurs.* 2 vol. 1875. — CLAUDE BERNARD ; *Leçons sur le système nerveux,* t. II, p. 469 à 556.

DIX-HUITIEME LEÇON

CIRCULATIONS CAPILLAIRE, VEINEUSE, LYMPHATIQUE.

Capillaires. Aire de la *circulation capillaire,* très vaste relativement à *l'aire aortique.*

Communication des capillaires avec les veines ;

Capillaires pulmonaires ; comparaison avec les capillaires du reste de l'organisme.

Faible vitesse du cours du sang dans les capillaires.

Pression dans les capillaires, très faible, relativement à la pression du sang dans les petites artères.

Observation directe au microscope (Malpighi. 1661).

Aspect des globules et courant du sang.

La rougeur plus ou moins vive de la peau est due à des changements dans le calibre des artérioles, non des capillaires.

Capillaires contractiles, quoique dépourvus de fibres musculaires.

Indépendance relative des diverses circulations capillaires des divers organes.

II. *Pouls total.*

Changement de volume des tissus à chaque systole (Bouisson, François-Franck).

Appareils de mensuration. Technique expérimentale.

Forme du *pouls total*, analogue à la forme de la pression artérielle.

Influence des systoles cardiaques, des respirations, de la pesanteur, de la compression, des émotions, etc.

Le pouls total d'un organe indique les variations de la pression artérielle.

Variations de volume du foie, du rein, surtout *du cerveau*.

III. *Circulation veineuse.*

Différences de structure des veines, très extensibles, avec les artères, plus rigides. Elles peuvent se distendre et être comprimées.

Aire veineuse, double de l'aire artérielle.

Causes de la circulation veineuse :

1° *Vis a tergo.*

2° Aspiration pulmonaire.

Pression négative des grosses veines intrathoraciques.

Aspiration du sang veineux par le thorax dans l'inspiration (pour le sang du foie, du cerveau).

Pénétration de l'air dans les veines (plaies du cou), et de là au cœur.

Effets des injections d'air dans les veines. Il en faut une quantité notable pour la mort.

3° Contractions musculaires, rôle des valvules. Expérience de HARVEY.

Imperfection de la circulation veineuse.

Vitesse du sang dans les veines, très variable.

Pouls veineux. Mécanisme.

Exagération du pouls veineux dans les affections du cœur droit.

IV. *Circulation pulmonaire* comparée à la circulation générale.

Influence de la respiration.

Contractilité des veines, spécialement des grosses veines voisines du cœur.

Leurs contractions rythmiques propres.

V. *Circulation du fœtus.*

Schéma.

Perforation de la cloison interauriculaire.

Trou de BOTAL.

Canal artériel.

Circulation *placentaire*. Veine ombilicale. Artères ombilicales.

Le fœtus reçoit un sang mixte.

Oblitération rapide du canal artériel et du trou de BOTAL après la naissance.

Analogie et différence de la circulation du fœtus avec la circulation des vertébrés inférieurs.

VI. *Circulation lymphatique.*

Anatomie des lymphatiques.

Ganglions lymphatiques.

Canal thoracique.

Histoire de la découverte des lymphatiques EUSTACHI (1550) — ASELLI (1628) — PECQUET (1652) — RUDBECK et BARTHOLIN (1654).

Contractilité des lymphatiques.

Rôle d'arrêt de la circulation lymphatique dans les ganglions.

Hypothèses nombreuses sur la communication des lymphatiques avec le système vasculaire artério-veineux.

Causes de la circulation lymphatique.

Contractions des muscles voisins.

Aspiration par le passage du sang veineux dans les veines.

Capillarité et *vis a tergo* : valvules des lympha-thiques, vitesse du courant lymphatique.

Expériences de M. COLIN sur la quantité de lymphe circulante.

Analogie de la circulation lymphatique avec la circulation des animaux inférieurs.

A consulter :

MAGENDIE. *Leçons sur les phénomènes physiques de la vi-* t. III, p. 1 à 392. — MAREY. *La méthode graphique* p. 559 à 653. — COLIN. *Traité de physiologie compar-* 2e édit .t. II, p. 168 à 240.

DIX-NEUVIÈME LEÇON

PHÉNOMÈNES CHIMIQUES DE LA RESPIRATION.

I. *Découverte de Lavoisier* (1777). Comparaison des êtres vivants avec une flamme.

Rôle considérable de LAVOISIER dans la physiologie contemporaine.

Les êtres vivants sont des *machines chimiques* qui puisent leur force dans une *combinaison* chimique exothermique.

Cette combustion produit à la fois chaleur et mouvement.

Le C et l'H des tissus se combinent à l'O de l'air atmosphérique. C'est la source de la chaleur et du mouvement des êtres.

Généralité du phénomène. Tous les êtres vivants consomment de l'O.

Diversité dans cette consommation de l'O.

a. Êtres qui consomment l'O de l'air, ou de l'eau (les animaux).

b. Êtres qui consomment l'O de l'air, du sol et de l'eau, mais qui, simultanément avec cette consommation d'O, produisent O par décomposition du CO^2 : *fonction chlorophyllienne* des plantes.

c. Êtres qui consomment de l'O combiné (par exemple la levure) quand l'O libre leur fait défaut.

d. Êtres qui meurent dans l'O.

Ce sont les *anaérobies*.

Généralité de la vie anaérobie.

Les animaux qui respirent l'O combiné à l'hémoglobine sont des anaérobies, en quelque sorte, puisque leurs tissus ne consomment pas de l'oxygène libre.

Découverte importante de BERT sur la *toxicité de l'oxygène dissous*.

II. *Composition de l'air.*

Fixité admirable partout. Dosages faits au cap Horn, à Paris, dans l'Atlantique, en Laponie.

$$O = 20.8$$
$$A = 79.2$$
$$CO^2 = 0.028$$
$$H^2O = \text{de } 0.005 \text{ à } 0,06$$
$$(\text{de } 0° \text{ à } 40°)$$

Autres corps de l'air ; traces d'AzH^3, d'acide azotique, d'ozone ; de CH^4 de poussières, minérales de germes vivants.

Volume immense de l'atmosphère.

Modifications par la vie des hommes. En six siècles la composition de l'air serait en O 20.799, au lieu de 20.800.

Les animaux de la surface terrestre produisent au total 15 fois (peut-être) plus de CO^2 que les hommes. La houille produit 3 fois plus. —

Par conséquent il faudrait un tiers de siècle pour amener O à 20.799.

Action des plantes vivantes.

Équilibre obtenu dans l'atmosphère par la fonction chlorophyllienne des plantes.

III. *Mécanismes divers de la respiration.*

Unité de la fonction respiratoire, malgré la diversité des mécanismes.

Production de CO^2.

Consommation de O^2.

Il y a plus d'O^2 consommé qu'il n'y en a dans le CO^2 produit. Le rapport de CO^2 à O^2 est le *quotient respiratoire.*

En moyenne ce quotient est o. 75 : soit 75 volumes de O^2 (dans le CO^2 produit) pour 100 volumes de O^2 absorbé.

Les 25 vol. de O^2 en surplus servent à la combustion de H.

IV. *Appareils pour le dosage des produits de la respiration.*

Appareils de REGNAULT et REISET.

d'ANDRAL et GAVARRET.

de PETTENKOFFER et VOIT.

de HANRIOT et CH. RICHET.

Autres dispositifs nombreux imaginés par les divers physiologistes.

V. *Variations dans la fonction respiratoire des êtres divers.*

Production de CO^2 (comptée toujours par kilogramme et par heure).

Plantes.	Vie moyenne.	0gr. 25
	Vie retardée (graines). .	0. 02
	Vie active (fleurs). . .	0. 50

Animaux produisant beaucoup de CO^2 (*sang chaud*).

Animaux produisant peu de CO^2 (*sang froid*).

VI. *Phénomènes chimiques respiratoires des animaux à sang froid.*

Les insectes dégagent beaucoup de CO^2.

Rapports de cette intensité chimique avec leurs mouvements actifs, et leur agilité.

Hannetons.	1gr 20
Vers à soie.	0. 90
Poissons.	0. 09
Crustacés.	0. 09
Batraciens.	0. 08

Indépendance chez les insectes de l'intensité de la combustion et de la taille.

Influence de la *température qui, en s'élevant, augmente les combustions*.

C'est l'inverse qu'on observe chez les animaux à sang chaud. (Voir la figure p. 121).

VII. *Phénomènes chimiques de la respiration des animaux à sang chaud.*

Influences multiples.

a. Influence de la *taille*.

La taille règle la déperdition de chaleur. Considérations sur le rapport du poids avec la surface.

La surface est $4 \pi R^2$.

Le poids est $4/3 \pi R^3$.

Schéma des combustions respiratoires comparées chez les animaux à sang chaud (ligne supérieure) et à sang froid (ligne inférieure).

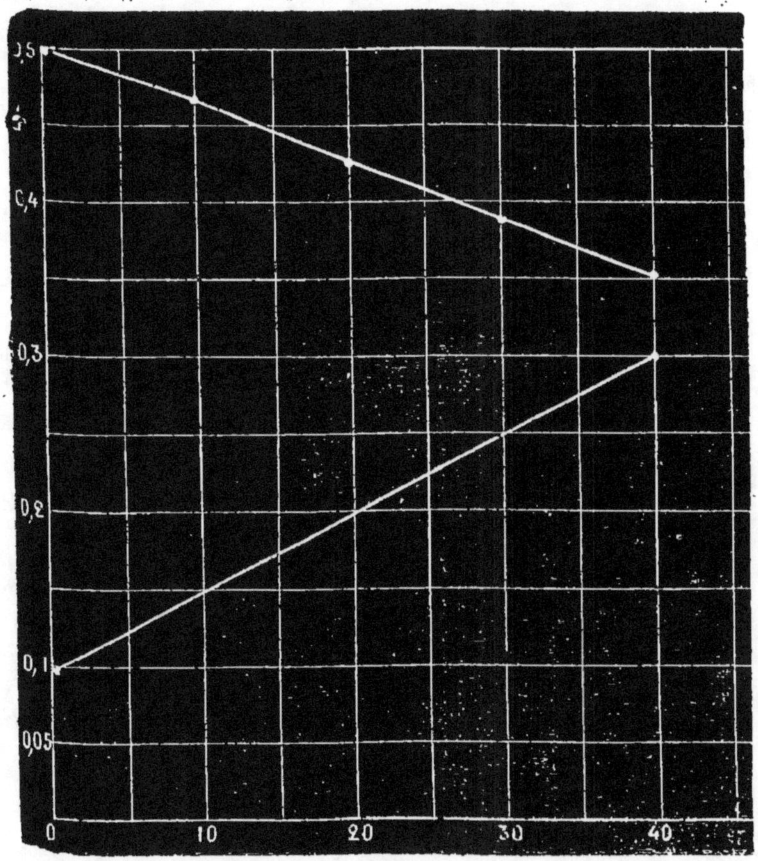

En bas les températures ; à gauche les quantités de CO_2 produites par kilogramme. On voit que l'influence de la température s'exerce en sens inverse chez les uns et chez les autres.

b. Schéma de la quantité de CO_2 produite par divers animaux.

	CO_2 produit par heure et par kilog	Poids de l'animal.
Bœuf	0. 25	500 kgr.
Homme	0. 50	60
Mouton	0. 70	40
Chien	1. 00	10
Lapin	1. 25	2
Cobayes	2. 50	0 500gr
Moineaux	15. 00	0 025

Influence du *pelage.* } s'explique par la différence dans la radiation.

Influence du *sexe* }
Influence de *l'âge* } se ramènent surtout à une influence de taille.

Influence de *l'alimentation.*

Alimentation de luxe, qui accroît le CO_2 excrété.

Taux de jeûne.

Taux de digestion.

Les hydrates de carbone augmentent l'excrétion de CO_2 beaucoup plus que l'absorption de O;

et le quotient respiratoire après alimentation sucrée tend vers 1.

Si la quantité est 1 dans le jeûne, elle est de 1. 2 dans la digestion, et de 1. 4 dans la suralimentation.

Influence de la lumière (MOLESCHOTT).

Agit-elle directement ou par l'intermédiaire des centres nerveux excités (?)

VIII. *Influence du travail musculaire.* (LAVOISIER).

C'est la plus importante. Les échanges, dans un exercice violent, sont *4 ou 5 fois plus forts* que dans le sommeil :

Expérience du *tétanos électrique*.

Rôle considérable des muscles dans la consommation chimique.

Influence du système nerveux s'exerçant surtout sur les muscles.

Les poisons *hyperthermisants* (scrychnine, cocaine, vératrine) sont des poisons *convulsivants*, et dégageant des combustions chimiques intenses.

IX. *Influence de la santé et de la fièvre.*

Théorie de la fièvre. Exagération des échanges.

Fièvres *nerveuses.*

Fièvres *infectieuses.*

Les fièvres *infectieuses* sont dues à un empoisonnement du système nerveux par les ptomaines et leucomaines des microbes.

Loi générale — Les échanges respiratoires sont réglés par le système nerveux et en majeure partie par l'état de relâchement ou de contraction du système musculaire, dépendant du système nerveux.

X. *Ventilation pulmonaire.*

Distinction de la ventilation pulmonaire et des échanges chimiques respiratoires.

Proportion de CO^2 et de O^2 dans l'air expiré.

Air expiré	CO^2	4	100 vol.
	O^2	16	
	Az	80	

La ventilation plus ou moins active ne modifie pas les échanges. (Expérience de HANRIOT et CH. RICHET).

La circulation plus ou moins rapide ne modifie pas les échanges (PFLUGER).

Les proportions en CO^2 et en O^2 de l'air expiré sont à peu près invariables. La ventilation est donc parallèle aux échanges.

XI. *Elimination d'eau dans l'air expiré.*

500 grammes pour l'homme en 24 heures.

Méthode de la balance enregistrante.

Courbes de la déshydration pulmonaire. Influence de la ventilation.

Polypnée thermique (CH. RICHET). Rôle de la polypnée thermique, indépendante de la respiration normale.

A Consulter :

J. B. DUMAS. *Chimie physiologique et médicale* (1846) p. 417 à 475. — GAVARRET. *Chaleur produite par les êtres vivants* (in-12. 1855). p. 141 à 545. — VIAULT et JOLYET. *Traité de physiologie* (1889). p. 306 à 332. — CH. RICHET. *La chaleur animale* (1889). p. 258 à 307.

VINGTIÈME LEÇON

GAZ DU SANG, ASPHYXIE.

I. *Siège des combustions chimiques.*

Dans le poumon il n'y a qu'un *échange* gazeux.

Les *combustions* ont lieu dans les tissus.

Démonstration par diverses expériences.

Opinions de Lavoisier, Laplace, W. Milne Edwards.

Les grenouilles dans Az excrètent encore CO^2.

Schéma de Schutzenberger avec la levure.

Vie des cellules dans le sang.

Expériences de VIERORDT sur l'hémoglobine du sang des doigts dont on aperçoit par transparence la réduction graduelle.

Influence de la circulation à peu près nulle sur l'activité chimique des tissus.

II. *Coloration du sang.*

Sang rouge, contenant de l'oxyhémoglobine.

Dans l'asphyxie le sang artériel est noir (Expérience de BICHAT).

Quantité d'oxygène contenue dans le sang.

Fixation de l'oxygène sur l'hémoglobine.

IX. Sang *rouge de certaines veines glandulaires* (veine rénale ; veine de la glande sous-maxillaire).

III. *Acide carbonique du sang.*

XI. Fixation sur le NaO du sérum.

Dissociation du CO_2. Carbonates qui se dissocient par le vide. Carbonates qui ne perdent le CO_2 que par l'addition d'un acide.

Antagonisme entre le sérum qui contient CO_2 et les globules qui contiennent O.

Schéma des gaz du sang (dans 100 volumes).

	sang artériel	sang veineux
CO_2	25	50
O^2	20	10
Az	2	2

Variabilité du CO^2 et de l'O^2 du sang veineux. Constance des gaz dans le sang artériel.

Le sang artériel est à peu près saturé de O.

Opinion erronée d'ESTOR et URBAIN sur la combustion du sang lui-même dans les artères.

IV. *Echanges gazeux pulmonaires.*

C'est un phénomène de *dissociation*.

Tension de l'O et du CO^2 dans les alvéoles pulmonaires.

Surface énorme de l'appareil respiratoire (200mq d'après Kuss).

Chaque systole représente 200 grammes de sang.

Chaque respiration équivaut donc à 800 grammes de sang répartis sur 200mq.

Air résidual.

Expériences de GRÉHANT sur sa quantité et sa

composition. La tension du CO_2 y est de 8 % et celle de O de 12 % (schématique).

V. *Influence des mélanges gazeux respirables.*

Respiration dans l'oxygène pur.

Nulle modification dans les échanges des tissus.

Respiration dans un air pauvre en oxygène.

Il faut au moins 15 % d'oxygène.

CO_2 est moins toxique que le défaut d'oxygène.

CO_2 n'est toxique que quand sa proportion dépasse 20 %.

Conséquences au point de vue de l'hygiène, et de la ventilation des habitations.

VI. *Influence de la pression barométrique.*

Expériences fondamentales de P. Bert.

Notions de physique sur la tension des gaz.

Pression augmentée.

Dans l'air à 6 atmosphères l'oxygène se dissout dans le sérum du sang, et alors devient toxique.

Convulsions des vertébrés. Action sur les germes.

Pressions colossales subies par les animaux marins des grandes profondeurs.

Résultats scientifiques des sondages dans l'Atlantique : 8 kilomètres et 800 atmosphères de profondeur.

Expéditions du *Travailleur* et du *Talisman*.

L'oxygène est cependant en petite quantité.

Décomposition brusque. Accidents produits par par la décompression : les gaz du sang se dégagent dans les tissus (de la moëlle et du cerveau).

Observations de REGNARD sur l'hydratation des tissus comprimés.

Vessie natatoire des poissons brusquement décomprimée.

Effets de la pression diminuée.

Mal des montagnes (céphalalgie, nausées, somnolence, impuissance musculaire, hémorrhagies nasales, anhélation). Mal des aéronautes.

Le mal des montagnes est de l'*anoxhémie*.

Expériences de BERT et de GRÉHANT sur l'action toxique du CO_2.

VII. *Asphyxie.*

Des mécanismes différents de l'asphyxie.

Asphyxies par *viciation de l'air.*

Asphyxies *toxiques* par des poisons supprimant les mouvements respiratoires (curare, strychnine, chloroforme); mécanismes divers de ces diverses asphyxies toxiques.

La mort par CO est une véritable asphyxie.

Asphyxies *mécaniques* par oblitération de la trachée et des voies aériennes.

VIII. *Périodes successives de l'asphyxie.*

a Suppression de la conscience.

b Suppression des mouvements respiratoires.

c Suppression de la fonction cardiaque.

Phénomènes d'excitation (dilatation de l'iris, mouvements des intestins, accélération du cœur, convulsions) qui précèdent les phénomènes de paralysie.

Temps pendant lequel on peut rester sans respiration. Apnée de ROSENTHAL.

Nul plongeur ne peut rester sous l'eau cinq minutes. C'est un chiffre extrême.

Animaux plongeurs résistant plus longtemps. Expérience de Bert sur le canard.

Les mouvements musculaires hâtent l'asphyxie.

La respiration artificielle est efficace tant que les mouvements du cœur persistent.

Hiérarchie des différents êtres. Poissons, insectes, batraciens. La hiérarchie physiologique n'a aucun rapport avec la hiérarchie zoologique. Asphyxie des sardines en une minute, des anguilles en 6 heures.

Influence de la température sur l'asphyxie des animaux à sang froid.

Asphyxie des animaux à sang chaud moins variable ; oscillant de 3 à 8 minutes. Chez les animaux à sang chaud, refroidis ou hibernants, elle est parfois très longue.

Analogies de l'asphyxie, de l'anoxhémie, de l'hémorrhagie, de l'empoisonnement par CO.

IX. Résumé des *chiffres respiratoires* de l'homme.

Une respiration moyenne = 0 lit. 500 (65 k.), 16 respirations par minute.

5 litres de sang.

Ces 5 litres contiennent 0 lit. 750 d'O.

Oxygène absorbé par respiration : 0 lit. 025, soit par minute 0 lit. 400 ; par heure 24 lit. et par 24 heures 575 lit., soit environ 800 gr.

CO_2 produit par respiration ; 0 lit. 020, soit par minute 0 lit. 320, par heure 19 litres, et par 24 heures 455 litres soit, par 24 heures 820 grammes.

Quotient respiratoire = 0, 80.

Si la consommation d'oxygène est de 0, 40 par minute, il faut à peu près 2 minutes pour consommer tout l'oxygène du sang.

A consulter :

P. Bert. *La pression barométrique*, 1 vol. in-8°, p. 326 à 1158. — Article *Asphyxie* du *Dictionnaire de médecine et de chirurgie pratiques.*

VINGT-ET-UNIÈME LEÇON

MOUVEMENTS RESPIRATOIRES

I. *Variétés de la mécanique respiratoire* chez les différents êtres. Identité du phénomène *chimique*.

Animaux *aquatiques* (branchies).

Animaux *aériens* (trachées, poumon).

Respiration pulmonaire.

Thorax immobile (grenouilles, reptiles).

Thorax *mobile*. { Sans diaphragme, oiseaux. Avec diaphragme, mammifères.

Respiration des oiseaux.

Articulations des côtes.

Air contenu dans les cavités osseuses.

Les mouvements de l'aile sont des mouvements respiratoires.

II. *Respiration des mammifères.*

Structure du thorax *dilatable dans tous les sens.* (par un sternum mobile, des côtes mobiles et un diaphragme mobile).

Antagonisme de la cavité abdominale et de la cavité thoracique.

Mécanisme de la contraction du diaphragme.

Innervation par le nerf frénique.

Action du diaphragme dans la défécation.

III. *Dilatation de la glotte et des narines.*

A chaque inspiration il y a une dilatation automatique de ces deux ouvertures des voies aériennes.

IV. *Élévation des côtes.*

Élévation et oscillation des côtes autour d'un point fixe.

Cartilages costaux.

Élasticité du thorax. Élasticité propre des côtes.

La compression du thorax suffit pour la respiration artificielle.

Des muscles qui animent les côtes.

Intercostaux internes (expirateurs).

id. externes (inspirateurs).

Grand et petit pectoral.

Scalènes.

Dans l'inspiration forcée, laborieuse, dyspnéique, d'autres muscles (grand dentelé, petit dentelé, trapèze, sterno-cleido-mastoïdien) entrent en jeu.

Cyrtomètre ou appareil pour mesurer la dilatation du thorax.

Diversité des muscles mis en jeu qui contraste avec l'unité de l'excitation.

Respiration artificielle (VÉSALE; XVIe siécle), et son mécanisme.

V. Rôle de l'*Élasticité pulmonaire*.

Proprietés élastiques du tissu pulmonaire.

Expériences sur l'ouverture de la plèvre.

Affaissement immédiat du poumon (sauf le cas d'adhérences).

Vide virtuel de la plèvre.

Applications aux plaies pénétrantes de la poitrine.

Contractilité pulmonaire. Influence des excitations des nerfs sur la contraction des poumons.

L'expiration normale se fait sans action musculaire.

Les muscles expirateurs n'entrent en jeu que dans l'expiration voulue ou dans la respiration laborieuse, dyspnéique.

Bruits respiratoires (LAENNEC).

Théorie de BEAU.

VI. *Rythme respiratoire.*

Influence de la taille de l'animal.

Par seconde : bœuf : 10 ; homme : 16 ; chien : 24 ; lapin : 40 ; cobaye : 80 ; souris : 150 ; (schéma).

Relations entre le rythme respiratoire et l'activité respiratoire.

Force de l'inspiration : en moyenne 0m. 10 de mercure.

Elle est à peu près identique à la force de l'expiration.

VII. *Divers types de la respiration.*

Respiration *abdominale* (type des hommes).

Respiration *costale* (type des femmes).

Spiromètre pour étudier la quantité d'air inspiré.

Variations de la ventilation pulmonaire.

Influence du travail musculaire, de l'exercice (Marey), de l'alimentation, de la fièvre, etc.

La ventilation est proportionnelle à l'activité chimique.

Pneumographe pour l'étude de la forme et du rythme.

L'expiration se fait en deux temps; elle est d'abord très rapide, puis très lente.

Air résidual.

Coefficient de ventilation ; environ 8 litres d'air par kilogramme et par heure pour un homme adulte.

VIII. Autres phénomènes respiratoires. *Apnée. Dyspnée. Polypnée. Hypopnée.*

Effort. Contraction de la glotte, fixation du thorax.

Toux. Expiration brusque pour expulser les objets contenus dans les voies aériennes.

Hoquet. Contraction brusque du diaphragme avec inspiration, sans dilatation glostique.

Rire, sanglot, éternûment, etc.

X. *Influence de la respiration sur la circulation.*

Aspiration dans le thorax au moment de l'inspiration.

Pression négative dans les veines du thorax.

L'influence de chaque inspiration retentit sur la circulation de tous les organes.

A consulter :

P. Bert. *Leçons sur la respiration.* 1870, in-8°, p. 164 à 406. — A. Richet. *Traité d'anatomie médico-chirurgicale,* 5e édition, 1877, p. 711 à 735.

VINGT-DEUXIÈME LEÇON

INFLUENCE DU SYSTÈME NERVEUX SUR LA RESPIRATION

I. *Historique. Expérience de* GALIEN *sur le bulbe.*
de LEGALLOIS (1811).
de FLOURENS (1822).

Notion du *nœud vital.*

Anatomie du bulbe et du quatrième ventricule.

C'est le centre d'où dérivent tous les nerfs moteurs de la respiration.

L'origine est unique, et le trajet des conducteurs est très varié.

II. *Expériences sur la piqûre du nœud vital.*

La section longitudinale est sans effet.

La section transversale arrête les efforts inspiratoires. L'animal survit si on fait la respiration artificielle.

Expériences de Brown-Séquard sur les pigeons qui après section de la tête respirent.

Y a-t-il des centres de la respiration dans la moëlle ?

La section produit-elle *inhibition* ou *abolition* de fonction ? Est-ce un point de convergence ou un point de stimulation ?

III. *Causes de la stimulation du bulbe.*

Volonté.

La respiration normale n'est pas volontaire.

Centres cérébraux de la respiration.

Modification de la respiration quand l'innervation cérébrale fait défaut.

Des respirations *réflexes*. Expériences sur les animaux nouveau-nés.

Importance de la respiration réflexe, pour la première respiration du nouveau-né.

La respiration persiste après la section de la moëlle au-dessous du bulbe.

Le bulbe est un centre *automatique* de la respiration.

Il est mis en jeu par des excitations cérébrales ou médullaires, et surtout par la qualité du sang irrigateur (apnée, polypnée, asphyxie).

La respiration, tout en étant *automatique*, est sensible à toute excitation quelle qu'elle soit, venant de l'encéphale ou de la moëlle.

IV. *Influence des poisons sur l'innervation bulbaire.*

Les anesthésiques (chloroforme, chloral) paralysent les fonctions de l'axe encéphalo-rachidien avant de paralyser le bulbe.

L'absence d'O et de CO^2 font de même (asphyxie).

Le bulbe respiratoire est l'*élément le plus résistant* des centres nerveux.

Trépied vital de BICHAT. (Cœur, poumon, cerveau).

Pour la vie animale le cerveau est organe de luxe ; le poumon est un appareil élastique ; il n'y a de stimulation vitale que dans le bulbe (respiratoire) et les ganglions cardiaques (innervation du cœur).

V. *Des excitations réflexes qui modifient la respiration.*

Les excitations faibles l'accélèrent : fortes, la ralentissent (nerf sciatique).

Certains nerfs (trijumeau et surtout pneumogastrique) ont surtout ce pouvoir réflexe.

Arrêt de la respiration par l'excitation du trijumeau (chez le lapin).

Rôle important de la sensibilité générale dans la respiration.

VI. *Rôle spécial du pneumogastrique.*

Anatomie du pneumogastrique.

Anastomose avec le spinal (branche interne).

Laryngé supérieur, (sensitif) qui donne le laryngé externe au muscle crico-thyroïdien.

Laryngé inférieur ou récurrent (moteur).

Filets moteurs des muscles bronchiques.

Filets vaso-moteurs des vaisseaux pulmonaires. Filets sensitifs du poumon et des bronches.

Rôle du spinal dans la fonction du tronc du pneumogastrique.

Expérience de CLAUDE BERNARD. Arrachement du spinal. Le spinal est *le nerf de la voix*.

Après l'arrachement du spinal, désordres de la déglutition.

Influence du spinal dans l'*effort*.

Après arrachement du spinal il y a encore dilatation de la glotte à chaque inspiration.

La section des récurrents fait mourir les animaux dont le larynx n'est pas rigide (LEGALLOIS).

VII. *L'excitation* du bout périphérique du pneumogastrique amène seulement une légère contraction des petits muscles bronchiques (très lente).

L'excitation du bout central produit une accélération (si l'excitation est faible), et plus généralement un arrêt.

Expérience importante de Rosenthal sur le laryngé supérieur qui par son excitation produit la toux.

Une excitation plus forte amène une syncope respiratoire, mortelle chez les animaux épuisés (Bert), avec arrêt général de tous les mouvements musculaires volontaires.

De là, conception du pneumogastrique qui contient des filets d'accélération, d'expiration et d'arrêt.

Le nerf laryngé supérieur est le *nerf d'arrêt* de la respiration.

VIII. *Effets respiratoires de la section des pneumogastriques.*

La section d'un seul pneumogastrique est sans grand effet.

La section des deux pneumogastriques produit fatalement la mort, mais seulement au bout de 5 à 20 jours (chez le chien).

Modifications importantes dans le rythme respiratoire, plus ralenti. Le ralentissement ne survient pas immédiatement.

La ventilation est peu modifiée quant à la

quantité totale d'air inspiré.

La respiration a un type spécial. (Inspiration lente et expiration brusque). Tremblements de l'animal coïncidant avec l'inspiration.

La section des pneumogastriques n'empêche pas la polypnée thermique.

Causes de la mort après la section des pneumogastriques.

Inanition ? — Non.

Asphyxie ? — Non ; quoique il y ait un certain degré d'asphyxie graduelle.

Broncho-pneumonie. — Due en partie à la pénétration de corps étrangers dans les voies aériennes, en partie à la dilatation des vaisseaux pulmonaires.

Insuffisance de ces diverses théories.

IX. *Théorie de l'innervation normale par les pneumogastriques.*

Le laryngé supérieur contient des fibres *expiratoires* qui arrêtent l'inspiration.

Expériences de HERING et BREUER. L'insufflation violente du poumon amène une expiration.

L'inspiration appelle l'expiration ; et l'expiration l'inspiration.

Le pneumogastrique est le régulateur de la respiration.

A consulter :

P. BERT. *Leçons sur la respiration* in-8° 1879. p. 432 à 499. — FLOURENS. *Recherches expérimentales sur les propriétés et les fonctions du système nerveux*, 2e édition, 1842. p. 169 à 214. — CLAUDE BERNARD. *Leçons sur le système nerveux*. t. II, p. 244 à 438.

VINGT-TROISIÈME LEÇON

FONCTION DES REINS

I. *Sécrétions en général. Théorie des sécrétions.*

Sécrétions où il y a transudation.

Sécrétions où il y a fonte épithéliale.

Fragilité de cette distinction, plutôt schématique que réelle.

Distinction entre les produits excrétés au dehors (urine) et les produits récrémentitiels repris en totalité (suc gastrique) ou en partie (bile).

Le poumon élimine les *produits des assimilations gazeux ;* l'intestin, les *produits solides* ou insolubles ; le rein, les *produits solubles ou liquides.*

II. *Anatomie générale et comparée du rein.*

Tous les vertébrés ont un rein. Beaucoup d'invertébrés ont des glandes rénales (?) (Organes de BOJANUS).

Corpuscules de MALPIGHI. Epithélium pavimenteux des canalicules.

Circulation rénale. Vaisseaux afférents et efférents.

III. *Effets de l'ablation des reins.* (PRÉVOST et DUMAS, 1825). Expérience fondamentale, répétée par GRÉHANT. Après la néphrotomie l'urée s'accumule dans le sang,

Autres procédés pour supprimer la fonction du rein.

(Ligature des uretères ou des artères rénales).

Causes de la mort après la néphrotomie.

Urémie. Application à la pathologie.

L'urée n'est pas toxique à dose même de 75 grammes.

Décomposition de l'urée dans le tube digestif par les ferments figurés en carbonate d'AzH_3.

Toxicité extrême des sels d'AzH_3 qui produisent des convulsions à la dose de 3 grammes (chez un chien de 10 kilos).

Analogie de l'urémie avec l'empoisonnement par AzH_3.

IV. *Circulation rénale* : chez l'homme environ 150 litres de sang en 24 heures ?

Différences du sang de la veine rénale avec le sang de l'artère rénale ; (sang très peu noir — sans fibrine — et moins aqueux).

Température plus élevée dans la veine.

Influence de la pression artérielle sur la sécrétion (LUDWIG).

Arrêt par la ligature des veines.

Plus la pression est forte dans l'artère, plus l'urine est abondante.

Influence des nerfs (peu connue) mais certaine.

Polyuries psychiques.

Polyurie (sans glycosurie) par piqûre du 4e ventricule (CLAUDE BERNARD).

La section des nerfs du rein abolit la fonction rénale.

V. *Passage des substances ingérées ou absorbées dans les urines.*

Étude par les exstrophies de la vessie, ou par les fistules (expérimentales) des uretères.

Rapidité du passage de KI, de Fe^2KCy, des sels métalliques, du sucre.

Toutes les substances qui *passent dans l'urine sont* des *diurétiques* (surtout les sucres).

VI. Des *théories* de la *secrétion urinaire.*

Elles sont assez peu satisfaisantes.

Théorie de BOWMANN attribuant une fonction différente au glomérule qui laisse passer l'eau, et à l'épithélium qui produit l'urée et les sels.

Expériences de HEIDENHAIN qui confirmeraient cette théorie.

Théorie de LUDWIG sur l'influence de la pression.

Théorie (difficilement soutenable) de KUSS sur la résorption de l'albumine transsudée, par l'épithélium.

VII. *Quantité d'urine éliminée.*

Variations inverses avec la sueur. Peu d'urine en été.

Influence des boissons, des phénomènes nerveux, (diabète insipide — anurie hystérique) — de la fièvre, moyenne : 1250 grammes par jour chez l'adulte.

Les oiseaux excrètent une urine presque solide, même dans l'abstinence des boissons il y a encore production d'urine.

Influence de l'activité nerveuse. Polyurie de la journée — Anurie de la nuit.

VIII. Formation de l'*urée*.

Importance fondamentale de cette fonction.

Distinguer l'urée de l'*alimentation* et l'urée de la *désassimilation*.

Urée de *luxe*.

Formation d'urée dans le sang après néphrotomie.

Expérience mémorable de PRÉVOST et DUMAS (1823).

Rôle considérable du foie dans la production de l'urée. (Exemple cirrhose : ictère grave).

Production d'*acide urique* chez les oiseaux et les reptiles, d'acide *hippurique* chez les herbivores, de *guanine* chez les invertébrés.

Influence des aliments azotés : mais pourtant l'urée est produite par la combustion des tissus eux-mêmes.

Influence presque nulle du travail musculaire sur la production d'urée.

Contractilité des uretères.

Rôle de la vessie, et du sphincter de la vessie (volontaire) — miction.

Réflexe normal d'occlusion.

Réflexe impérieux de dilatation quand la vessie est pleine.

Résorption d'eau dans la vessie.

A consulter :

WUNDT. *Nouveaux éléments de physiologie*; 1872. p. 326 à 345. — VULPIAN. *Leçons sur les vaso-moteurs*; t. I p. 523 à 556. — CLAUDE BERNARD. *Leçons sur les liquides de l'organisme*; t. II, p. 1 à 172.

VINGT-QUATRIÈME LEÇON

DE L'URINE

I. *Composition de l'urine normale* (schéma).

Eau :	955 gr.		
Matières organiques :	30 gr.	Urée.	20
		Acide hippurique.	1
		Acide urique. . .	0,
		Créatinine. . .	1
		Créatine. . . .	0,
		Matières extractives	7
Matières minérales :	15 gr.	NaCl.	10
		Sulfates de K, de Na	2,
		Phosphates de Ca et de Na. . . .	2,
	1000		

II. *Concentration* de l'urine. *Coloration.*

La concentration et la coloration marchent de pair.

Densité 1020.

Réaction de l'urine.

Variations avec le régime (CLAUDE BERNARD).

Urine *acide* des carnivores, *alcaline* des herbivores.

III. *Urée.*

Son importance dans la nutrition.

Histoire chimique de l'urée (ROUELLE, 1773 — WOHLER, 1828). Synthèse de l'urée.

$$COCl^2 + (AzH^3)^2 = \underset{\text{urée}}{CO(AzH^2)^2} + (HCl)^2$$

ou bien :

$$COAzH + Az\ H^3 = (COAz)(AzH^4).$$

Cyanate d'ammoniaque.

Combinaisons de l'urée avec l'acide nitrique, l'acide oxalique.

Dosage de l'urée.

Méthode générale : dosage de l'Az par oxydation du C et de H.

Hypochlorites et hypobromites de Na.

$$COAz^2H^4 + (BrNaO)^3 + NaOH$$
$$= Az^2 + (NaBr)^3 + CO^3NaH + (H^2O)^2.$$

Des divers *uréomètres*. Dosage par la méthode de KJELDAHL.

Le travail musculaire *ne produit pas d'urée*. Chez les herbivores l'urée est remplacée par l'acide *hippurique;* chez les oiseaux par l'acide *urique;* chez les vertébrés par l'acide *urique* et la *guanine*.

Rapports entre l'Az excrété à l'état d'urée et l'Az total excrété.

IV. Acide *urique*.

Urates de soude, de potasse.

Dosage qualitatif et quantitatif.

Caractères cristallographiques des urates.

La quantité d'acide urique dépend de l'état de nutrition de l'individu plus que de l'alimentation.

Diathèse urique avec accumulation dans le sang et dans certains tissus (goutte, gravelle, calculs néphrétiques).

V. *Acide hippurique.*

Caractères chimiques (benzoate de glycocolle).

L'ingestion de l'acide benzoïque amène excrétion d'acide hippurique.

Expérience avec l'acide nitrobenzoïque et l'acide dinitrobenzoïque qui passent à l'état d'acides nitrohippurique et dinitrohippurique.

VI. *Créatinine.*

Réaction avec l'iodomercurate de K.

Créatine.

Xanthine.

Acide phénique.

Acide succinique.

Hypoxanhtine.

Acide oxalurique.

L'ensemble de ces substances forme les matières extractives.

Dosage de ces matières par le brome, par le permanganate de K, etc.

Matière colorante de l'urine ou *urobiline.*

En hydrogénant la bilirubine on a de l'urobiline. (MALY).

Action du réactif de FEHLING sur l'urine normale.

Ferments *diastasiques* de l'urine.

Pepsine (?) et peptones.

Substances toxiques qui rétrécissent la pupille (BOUCHARD). Ptomaines de l'urine.

Gaz de l'urine. CO^2 ; près d'un litre par litre. Absence d'O.

VII. *Substances minérales de l'urine.*

Difficulté de distinguer à quelle base sont unis les acides.

Soufre combiné aux bases minérales.

Soufre combiné aux substances organiques (incomplètement oxydé).

Il y a 19 gr. de Na pour 2 gr. de K (schéma).

Précipitation des phosphates de CaO par l'alcalinisation de l'urine.

Dosage des phosphates.

Le travail célébral et les maladies cérébrales font croître l'élimination des phosphates.

VIII. *Urines pathologiques.*

Albumine.

Caractères chimiques de l'albumine des néphrites.

Y a-t-il une albuminurie alimentaire normale ?

Sucre.

Y a-t-il du sucre dans l'urine normale ?

Dosage du sucre par diverses méthodes.

Éléments accidentels de l'urine (sang — pus — bile — graisses).

Dépôts des urines normales et pathologiques.

Calculs urinaires. Analyse chimique.

Examen cristallographique et microscopique de l'urine.

Fermentation de l'urine.

Absence de germe dans l'urine normale. (Expériences de BASTIAN, de PASTEUR).

Séméiotique de l'urine — Urines fébriles.

Passage des divers médicaments dans l'urine (acide salicylique — KI — Fer — Quinine — Mercure).

Rapidité et durée de cette élimination.

A consulter :

NEUBAUER et VOGEL. *De l'urine et des sédiments urinaires*, traduction française, 1 vol. 1877. — CH. ROBIN. *Leçons sur les humeurs*, p. 634 à 778.

VINGT-CINQUIÈME LEÇON

TEMPÉRATURE DE L'HOMME ET DES ANIMAUX.

I. *Rôle prépondérant de* Lavoisier *dans l'histoire de la chaleur animale* (1777).

Expérience fondamentale sur la mesure de la chaleur dégagée par un cobaye, comparée à la quantité de carbone brûlé.

Nulle expérience précise avant lui. Après lui, sauf l'influence du système nerveux comme régulateur, nulle découverte fondamentale.

II. *Température des animaux.*

Animaux à sang froid (température variable).

Animaux à sang chaud (température constante).

Mesures thermométriques. Précautions expérimentales.

Importance de la thermométrie médicale.

III. *Température de quelques mammifères.*

Chien. . . .	39° 25
Lapin. . . .	39 50
Cobaye. . .	39 20
Mouton. . .	39 50
Veau. . . .	39 50
Porc. . . .	39 70
Bœuf. . . .	39 70

La température moyenne des mammifères est 39° 50.

Variations avec le *pelage* (lapins rasés) l'*alimentation* (l'inanition fait baisser de 1° à 1° 5). — Variations *presque nulles* avec la *température extérieure.*

Chez le cheval et le singe la température n'est que de 38°.

IV. *Température des oiseaux.*

Canards : 42°. Observations très nombreuses de MARTINS.

Poules et perdrix : 42° 5.

Autres oiseaux : 42°.

Élévation remarquable de la température des oiseaux.

V. *Température des animaux à sang froid.*

Équilibre avec la température ambiante.

Légère élévation de 0° 5 environ au-dessus de la température ambiante.

Température élevée des insectes. Elle est localisée au *thorax*.

VI. *Animaux hibernants.*

Physiologie des animaux hibernants.

Conditions qui déterminent l'hibernation.

Abaissement de température qui va jusque à + 4°.

Diminution de tous les phénomènes chimiques

et par conséquent des fonctions de nutrition (digestion, circulation, respiration, etc).

Animaux nouveau-nés.

Classification des animaux d'après leur fonction thermique (CH. RICHET).

Animaux à température invariable.

Oiseaux.	42° 0
Mammifères.	39° 5
Cheval et Singe . . .	38° 0
Homme.	37° 0

Animaux à température variable.

α. qui meurent quand leur température est inférieure à + 20°.	Mammifères et oiseaux nouveau-nés.
β. qui s'engourdissent quand leur température est inférieure à + 20.	Animaux hibernants.
γ. qui sont encore actifs quand leur température est inférieure à + 20°.	Vertébrés inférieurs et invertébrés.

VI. *Température de l'homme.*

Difficulté de connaître la température normale.

Défauts de la température axillaire, de la température buccale et de la température de l'urine.

La température rectale est la plus exacte.

Les températures axillaire, périphérique et rectale (centrale) ne suivent pas une marche parallèle.

Variations de la température axillaire avec l'état de santé et avec la température extérieure.

Influence de l'heure sur la température de l'homme.

Courbe quotidienne normale :

Minuit. . .	36° 5
4 h. matin. .	36° 3
8 h. matin. .	36° 8
midi. . . .	37° 2
4 h	37° 4
8 h. soir . .	36° 0

Cette variation n'est pas due à la digestion, ni à l'augmentation de chaleur extérieure, ni au travail musculaire : elle est liée à une sorte de *périodicité rythmique* du système nerveux.

Influence du travail musculaire — du jeûne — de la température extérieure.

Influence du climat. Dans les climats chauds il y a une élévation de température inférieure à 0°5.

Influence de l'âge. Refroidissement rapide des nouveau-nés.

Influence nulle du sexe.

Influence faible, mais appréciable, de l'activité intellectuelle.

VII. *Température* dans les *maladies* et les *intoxications.*

La fièvre peut élever la température jusqu'à 43°.

Les températures qui dépassent 42° sont en général mortelles pour l'homme.

La température inférieure mortelle est de 34° quand elle est due à une maladie.

Courbes thermiques des maladies.

Stade amphibole. Défervescence.

Type *rémittent*. Type *intermittent*.

Importance extrême pour le diagnostic et le pronostic.

Les poisons qui *élèvent* la température sont ceux qui stimulent l'activité musculaire (convulsivants) : par exemple la strychnine, la cocaïne (Maximum 45° 5 chez le chien).

Les anesthésiques, qui dépriment les fonctions du système nerveux et des muscles, abaissent la température (quelquefois à 30°).

VIII. *Température après la mort.*

Élévation thermique *post mortem.*

Courbe du refroidissement cadavérique.

Différences entre les maladies *aigues* et les maladies *chroniques.*

A consulter :

CH. RICHET. *La chaleur animale,* 1889.

VINGT-SIXIÈME LEÇON

CALORIMÉTRIE ET PRODUCTION DE CHALEUR.

I. *Expérience de* LAVOISIER *sur la calorimétrie.*

Calorimétrie à glace.

Calorimètres à mercure de DULONG et DESPRÉTZ.

Autres méthodes calorimétriques de LIEBERMESTER, de SENATOR, D'ARSONVAL, de CH. RICHET.

II. *Quantité de chaleur dégagée à l'état normal par les divers animaux.* — (Nulle mesure exacte pour les animaux à sang froid).

Influence prépondérante de la taille.

Calories dégagées (par kilog et par heure).

	Calories
Chiens de 10 kil. . .	3ᶜ. 200
Canards de 1k. 500 . .	5ᶜ. 500
Cobayes de 700 gr. . .	6ᶜ. 600
Pigeons de 300 gr. . .	10ᶜ. 500
Moineaux de 20 gr. . .	36ᶜ. 000

La quantité de chaleur est *proportionnelle à la surface du corps.*

III. *Influence du tégument.*

Les lapins rasés produisent beaucoup de chaleur.

Les enfants (dont la peau est nue) perdent plus de chaleur que les animaux à fourrure épaisse.

Influence de la masse de graisse enveloppante et du volume énorme chez les mammifères marins.

Nécessité d'un tégument intact pour les petits oiseaux.

Rapport très étroit entre la température propre des animaux et la déperdition de chaleur.

IV. *Influence de la température extérieure.*

Il y a un *optimum* pour la production de chaleur. (vers 14°. CH. RICHET).

Au-delà de 14° les animaux dégagent de moins en moins de chaleur.

Contraste entre le dégagement de chaleur décroissant de + 14 à 0° et l'activité croissante des combustions respiratoires (?)

V. Influence prépondérante de la *contraction musculaire sur la production de chaleur.*

Proportion de 50 % des muscles dans les organismes.

Les muscles brûlent 2 fois plus d'O que les autres tissus. Par conséquent leurs oxydations représentent 75 % des oxydations de l'organisme.

Action de l'électricité. *Tétanos électrique.* Mort par hyperthermie (chez les chiens).

Refroidissement par le sommeil et le repos.

Poisons convulsivants. Poisons paralysants.

La calorimétrie et la thermométrie vont de pair dans l'action des poisons.

VI. *Rapport entre la chaleur produite et les oxydations.*

Méthode directe.

Méthode indirecte (BOUSSINGAULT).

La chaleur produite est due à l'oxydation des féculents et des graisses. 1 gramme de C donne 8 cal. 1 gr. de H donne 34 cal.

Rôle important des graisses dans la production de chaleur.

Alimentation grasse nécessaire dans les pays froids.

Un homme de 60 k. produit 3.000 calories par jour.

Rapport de cette quantité avec la production de CO_2 et la consommation d'O.

Notions générales sur la mécanique chimique et le principe du travail maximum (BERTHELOT).

Chaleur dégagée par les organismes à sang froid, les plantes, les fermentations.

VII. *Influence du système nerveux sur la production de chaleur.*

Observations de BRODIE.

Expérience de CH. RICHET sur la piqûre du cerveau chez les lapins.

Déperdition plus grande, et production plus grande, dans la fièvre nerveuse comme dans la fièvre infectieuse.

Théorie (peu vraisemblable) de TRAUBE sur la fièvre.

Influence du système nerveux due surtout aux actions musculaires exagérées ou diminuées. Influence des vaso-moteurs et de la déperdition périphérique.

Influence de la section de la moëlle épinière (CLAUDE BERNARD).

VIII. *Distribution de la chaleur dans l'organisme.*

Différence du cœur droit et du cœur gauche.

Dans les artères des membres le sang est plus chaud que dans les veines, et inversement pour les artères viscérales (CLAUDE BERNARD).

Température élevée des veines sushépatiques.

IX. *Production de froid par l'organisme*

Rôle de la sueur (évaporation).

Rôle de la déperdition pulmonaire (*polypnée thermique*).

L'organisme ne peut faire du froid qu'en évaporant de l'eau.

Il produit plus ou moins de chaleur selon la dilatation ou le rétrécissement des vaisseaux périphériques, selon la contraction ou le repos des muscles.

X. *Mort par la chaleur ou le froid.*

Limites de température compatibles avec l'existence : de 0° à 45°.

Distinguer la température propre de l'être, de la température ambiante.

Les animaux à sang chaud peuvent seuls résister à des milieux plus élevés que 45° ou plus bas que 0°.

Dans les étuves sèches à 100° il peut y avoir résistance par évaporation (BLAGDEN).

Action des climats chauds secs, moins nocive que celle des climats chauds humides.

Mort par le froid. Limite à 15° chez le lapin ; à

24° chez le chien, comme température organique.

Température mortelle de 46° pour les oiseaux, de 44° pour les mammifères et de 42° pour l'homme.

Action de la chaleur sur les centres nerveux et sur le sang. Hyperthermie et mort par hyperthermie dans les fièvres infectieuses.

Des germes des plantes (*vie latente*) et de leur résistance aux hautes et basses températures.

A consulter :

CLAUDE BERNARD. *Leçons sur la chaleur animale.* — GAVARRET. Art. *Chaleur* du *Dictionnaire encyclopédique.* — MALOSSE. *Calorimétrie et thermométrie.* Thèse d'agrégation, 1883. — LAMBLING. *Production de chaleur chez les êtres vivants.* Thèse d'agrégation, 1888.

VINGT-SEPTIÈME LEÇON

NUTRITION EN GÉNÉRAL ET ABSORPTION.

Absorption. Phénomène général de toute cellule vivante.

Absorption par les plantes de l'O et de l'Az de l'air, des sels et de l'eau de la terre.

Absorption pulmonaire des vertébrés.

Absorption cutanée des invertébrés.

Phénomènes physico-chimiques de la *dialyse*.

Osmose. Exosmose. Endosmose.

Expériences de DUTROCHET, de GRAHAM.

Substances dialysables ou *colloïdes*.

II. *Absorption* de proche en proche par les cellules.

Comparaison avec les *teintures*.

Résistance des épithéliums pavimenteux à l'absorption.

Absorption par la peau des substances *volatiles*.
Non absorption par la peau des *substances liquides*.

Absorption dans la cavité digestive par les veines et les chylifères.

Système absorbant (lymphatiques).

Expérience fondamentale de MAGENDIE qui démontre que l'absorption se fait aussi par les veines.

III. *Assimilation* par la cellule après absorption.

Combustions chimiques et hydratations.

Les matières azotées sont changées en urée.

Les matières grasses et féculentes changées en CO_2 et en eau.

Sang considéré comme *milieu intérieur* (CLAUDE BERNARD).

Albumine de luxe, et albumine des organes.

Transformations de l'albumine en graisse.

La graisse peut se former aux dépens de l'albumine (BOUSSINGAULT) et aux dépens des féculents.

Accumulation de certains poisons (mercure, argent, plomb).

IV. *Ration d'entretien. Bilan de l'organisme.*

Pour l'eau :

Urine. . . .	1250 gr.
Sueur. . . .	500 gr.
Poumon. . .	500 gr.
Matières fécales.	250 gr.

La consommation quotidienne est de 3 litres d'eau.

Matières azotées. . . .	140 gr.
Graisses..	80 gr.
Féculents.	350 gr.

Application à la nourriture des soldats, des marins, des prisonniers.

En chiffres ronds :

C.	300 gr.
H.	40 gr.
Az.	20 gr.
O.	200 gr.

Comparer ces chiffres à la production normale de calories.

V. Médicaments et aliments dits *d'épargne* : (*coca — alcool — café*).

Théorie de VOIT. Les féculents diminuent la consommation d'albuminoïdes qui est nécessaire.

Les aliments peuvent se suppléer l'un par l'autre (en partie).

De l'équilibre de l'organisme en Az.

Importance de la fonction glycogénique qui est la réserve du travail musculaire.

VI. Mécanisme *chimique* des phénomènes vitaux.

Harmonie des lois physico-chimiques avec les lois physiologiques.

Comparaison de l'être vivant avec les machines à feu.

Rôle du système nerveux comme agent de régulation.

Modifications de l'état physiologique avec le milieu extérieur, grâce au système nerveux et à l'irritabilité cellulaire.

VII. *Développement et croissance.*

Limites de la vie. Usure des éléments anatomiques. Vieillesse.

Limites de la taille. Différence entre les animaux à sang chaud et à sang froid.

Mort des cellules (*greffe animale*).

Mort de l'organisme complexe.

A consulter :

COLIN. *Traité de physiologie comparée,* 1873 t. II. p. 1 à 245 et p. 551 à 640. — BÉRARD. *Cours de physiologie,* t. II, p. 560 à 783.

VINGT-HUITIÈME LEÇON

SYSTÈME NERVEUX EN GÉNÉRAL.

I. *Système nerveux dans la série animale.*

Rôle de l'appareil nerveux qui constitue un être avec des cellules différentes.

Notion de l'être, amas de cellules (SCHWANN, 1837).

Elles vivent ensemble et meurent séparément (ENGELMANN).

Si elles vivent ensemble, c'est à cause du système nerveux, appareil d'*harmonisation* et de *régulation*.

Une cellule retentit sur toutes les autres, et toutes les autres retentissent sur elle.

Première cellule : amibe ou microbe, pas de système nerveux (CH. RICHET).

Système nerveux annulaire *circumbuccal* des cœlentérés.

Système nerveux *ganglionnaire* des mollusques et des insectes.

Collier œsophagien et ganglions cérébraux.

La chaine ganglionnaire en se soudant de droite à gauche et de haut en bas tend à former une masse continue.

Chez les poissons les noyaux ganglionnaires sont encore très apparents.

Développement du système *cérébral* chez les vertébrés supérieurs.

Production d'une couche *corticale* à la périphérie de l'encéphale.

La perfection de l'être dépend de la perfection de son système nerveux.

Structure des nerfs. Fibre cylindre axe conducteur.

Structure des centres nerveux. *Cellule nerveuse* (MALPIGHI).

Continuité du protoplasma cellulaire avec le cylindre axe, tout le système nerveux n'est donc qu'une seule cellule.

Cellules nerveuses *à l'extrémité des nerfs sensitifs* et moteurs.

II. *Fonctions générales du système nerveux.*

Hypothèse très vraisemblable du rôle de la cellule nerveuse, seul agent actif de la vie nerveuse. La fibre nerveuse serait conductrice.

Fonctions de *conduction.*

Fonctions de *rétention.*

Fonctions de *production.*

Conduction motrice centrifuge (nerfs moteurs).

sensitive, centripète (nerfs sensitifs).

trophique, centrifuge (nerfs trophiques, nerfs glandulaires, nerfs thermiques).

Rétention ou *mémoire*

Production. *Transformation* du sentiment en mouvement (action réflexe).

Intelligence et conscience.

III. *Résumé historique du système nerveux.*

HIPPOCRATE surtout médecin.

ARISTOTE — naturaliste.

GALIEN — physiologiste.

D'après HIPPOCRATE, le cerveau refroidit le sang.

D'après ARISTOTE, les nerfs viennent du cœur.

GALIEN a montré que le cœur donne naissance aux artères et le cerveau aux nerfs. — Expériences admirables sur la moëlle, principe du mouvement.

DESCARTES (1630) indique la nature de l'action réflexe, le rôle du cerveau, producteur de l'intelligence, et des nerfs conducteurs centripètes et centrifuges.

Expériences de LEGALLOIS, CH. BELL, MAGENDIE, FLOURENS, J. MULLER, CLAUDE BERNARD (1810 à 1860).

C'est surtout au XIXe siècle qu'on a appris la fonction du système nerveux.

IV. Distinction des *nerfs sensitifs* et des *nerfs moteurs.*

CH. BELL (1809) trouve que les racines antérieures sont motrices, mais il ne montre pas que les racines postérieures sont sensitives.

MAGENDIE (1822) fait mieux l'expérience.

Rôle immense de MAGENDIE dans la physiologie.

Distinction des racines antérieures motrices et des racines postérieures sensitives.

Racines antérieures sensibles. Difficultés qu'entraine cette sensibilité.

Discussion de LONGET et CLAUDE BERNARD.

Sensibilité *récurrente.*

Conditions pour observer la sensibilité récurrente rachidienne.

Généralisation de la sensibilité récurrente à tous les nerfs périphériques (A. RICHET, 1867).

V. Théorie de la *paire nerveuse.*

Nerfs sensoriels, projection du cerveau en avant.

Théorie des vertèbres *crâniennes* (OKEN, GŒTHE).

Première paire crânienne.	Nerf sensitif, trijumeau.	
	Nerf moteur IIIe, IVe, VIe, VIIe paires.	

Seconde paire crânienne.	Nerf sensitif	pneumogastrique, et glandes pharyngiennes.
	Nerf moteur VIIe, IXe et XIe paires.	

Les nerfs crâniens moteurs avant anastomoses sont purement moteurs.

VI. *Conduction nerveuse.*

Différences de la conductibilité et de l'excitabilité.

Un nerf *conduit encore alors qu'il n'est plus excitable*.

Loi de *l'intégrité de l'organe*.

Loi de *la conduction isolée*.

Non anastomose des fibres, continuité d'un seul cylindre axe dans toute la longueur.

Loi de la *transmission dans les deux sens*.

Schéma.

Expériences de Bert avec les greffes de queues de rat sensibles.

Expériences de Babuchin sur la conduction dans l'appareil électrique des torpilles.

Expériences de Vulpian sur la soudure du nerf lingual avec *l'hypoglosse* (nerf sensitif soudé à un nerfmoteur).

Actions *pseudomotrices*, fibrillaires, du lingual seul quand l'hypoglosse est dégénéré.

Probabilité d'une action dans les deux sens par le fait de la variation négative.

VII. *De la vibration nerveuse.*

Vitesse de la vibration nerveuse.

Expérience fondamentale d'Helmhtolz.

Vitesse des nerfs moteurs (30 mètres par seconde) et des nerfs sensitifs (60 mètres environ).

Vitesse moindre chez les invertébrés (6 mètres) et chez les animaux hibernants (1 mètre).

Des méthodes expérimentales pour apprécier la vitesse de la vibration nerveuse.

Phénomènes qui se passent dans le nerf pendant la vibration nerveuse.

Phénomènes chimiques, thermiques, *électriques*.

Importance du phénomène électrique.

Variation négative (MATTEUCCI, DU BOIS REYMOND).

Le courant normal change de sens.

La vitesse de la variation négative égale celle de la vibration nerveuse.

Contraction *induite* ou *secondaire*, ou *paradoxale*.

La variation négative ne dure qu'un millième de seconde.

Discussion sur la nature de la vibration nerveuse.

C'est une *onde*.

Mais est-ce une onde *électrique*, ou une onde *explosive* ?

Vibration en forme d'*avalanche* (PFLUGER).

A consulter :

BEAUNIS. *Évolution du système nerveux*, in-12 1890. — VULPIAN. *Leçons sur la physiologie du système nerveux*, 1866. p. 1 à 310. — CH. RICHET. *Leçons sur la physiologie des muscles et des nerfs* 1882, p. 493 à 655.— CLAUDE BERNARD. *Leçons sur le système nerveux*, 1858, t. I, p. 1 à 133.

VINGT-NEUVIÈME LEÇON

IRRITABILITÉ DES NERFS.

I. *Histoire de l'irritabilité.* Glisson, et surtout Haller.

Loi générale des forces. Action. Réaction.

Des forces de tension des corps exothermiques, ou *explosifs.*

Une force faible peut dégager une réponse bien plus forte ; car elle détermine une explosion.

Énergie latente des organismes vivants.

Réponse du nerf à l'excitant par une *vibration nerveuse.*

II. *Excitants du nerf.*

Modification brusque de l'état actuel.

Classification des excitants *mécaniques.*
chimiques.
thermiques.
électriques.
physiologiques.

L'excitant physiologique, c'est *l'excitation du segment nerveux* sous-jacent.

Distinction entre le tronc nerveux peu excitable et la terminaison nerveuse très excitable.

Expérience sur les grenouilles strychninées dont le nerf est mis à nu.

Sensibilité de la cornée, de la rétine etc.

Le protoplasma nerveux à la périphérie n'est pas entouré d'une gaîne protectrice, et il est alors plus sensible.

III. Excitants *mécaniques.*

Appareil *tétanomoteur* de HEIDENHAIN.

Compression des nerfs.

Elongation des nerfs.

Au début, la compression excite : plus tard, elle paralyse.

Application à la pathologie. Thérapeutique des névralgies.

Sensibilité extrême de la peau aux excitants mécaniques.

IV. Excitants *chimiques*.

a. ceux qui changent la réaction alcaline du nerf. (acides)

b. ceux qui enlèvent de l'eau au nerf. (déshydratants, sels)

c. ceux qui dissolvent la myéline. (térébenthine, huiles, alcools, éthers)

d. ceux qui enlèvent des sels. (eau)

Graduation de l'excitation chimique par des solutions salines ou des acides de concentration variable.

V. Excitants *thermiques*.

Nécessité d'une excitation brusque.

Différence entre les nerfs sensitifs excitables à la chaleur, et les nerfs moteurs peu excitables.

VI. Excitants *électriques.*

Importance de l'excitation électrique, qu'on peut doser rigoureusement.

Grande découverte de GALVANI (1781).

Conséquences prodigieuses de cette découverte.

Invention de la pile (VOLTA).

Le contact de deux métaux produit de l'électricité.

Expérience sur la grenouille.

Connaissance approfondie de l'électricité physiologique.

Applications à la thérapeutique (DUCHENNE de Boulogne).

VII. *Lois de l'excitation électrique.*

Définir l'intensité (ampère) — Le potentiel (volt). — La résistance (ohm). — La capacité (farad). — La quantité (coulomb).

Analogies du débit de l'électricité avec un écoulement d'eau.

Courants *ascendant, descendant.*

Le pôle positif est appliqué à l'*anode*.

Le pôle négatif — au *cathode*.

Courant de *fermeture*.

Courant de *rupture*.

Lois de Pfluger sur les secousses musculaires.

		ascendant	*descendant*
Faible	Fermeture	+	+
	Rupture	o	o
Moyen	Fermeture	+	+
	Rupture	+	+
Fort	Fermeture	+	o
	Rupture	o	+

VIII. *Electrotonus.*

Augmentation de l'excitabilité au cathode (ou *catélectrotonus*).

Théorie de l'électrotonus. C'est une *polarisation*.

Nécessité d'une application prolongée d'un courant primaire. Un courant de pile doit durer plus d'un millième de seconde pour agir.

Influence de la résistance.

Loi d'OHM $I = \frac{E}{R}$

Excitation *longitudinale* du nerf.

— *transversale.* —

— *unipolaire.* —

Action des courants faibles sur le nerf. Action des métaux (métallothérapie) et des aimants (E...

Sensibilité extrême du nerf de la grenouille (Expérience avec le téléphone, la contraction induite et le cœur).

IX. *Vitalité du nerf séparé du corps, et privé de sang.*

Influence de la température (animaux à sang chaud et à sang froid).

Hiérarchie physiologique de *vitalité* parallèle à la hiérarchie physiologique de l'activité de combustion des tissus.

Lapins refroidis et grenouilles échauffées.

Limites de température de 0° à 40° pour la vi... des nerfs.

Le sang n'est pas immédiatement nécessaire à la vie des nerfs.

Expériences avec les grenouilles salées, la bande de caoutchouc, et les muscles anémiés.

Après hémorrhagie *augmentation d'excitabilité;* cette hyperexcitabilité est une loi générale de la mort des nerfs.

Effets de l'anémie sur les nerfs chez les animaux supérieurs (douleurs, névralgies, etc.).

Différences de la vitalité des nerfs et des autres tissus.

Mort du muscle par l'anémie (une heure).

Mort des plaques nerveuses motrices terminales. (Expérience avec la bande de caoutchouc — 10 minutes).

Résistance prolongée du nerf.

Contraste de la vitalité du nerf périphérique avec la fragilité des cellules nerveuses.

Différences entre les nerfs sensitifs et les nerfs moteurs ?

Fatigue des nerfs.

Rapports de l'excitabilité avec l'intensité de l'excitant.

Secousses maximales, hypermaximales et *lacune*.

Excitabilité comparée du nerf et de la fibre musculaire. Le nerf est plus excitable que le muscle.

XI. *Excitant physiologique.*

Il est de nature inconnue. C'est la vibration nerveuse.

Tonus perpétuel à l'état normal.

Circulation nerveuse. Courants d'excitation partant de la peau (excitation par l'O de l'air). — Autres courants d'excitation centrifuges partant de la moëlle.

XII. *Influence de l'inflammation sur l'irritabilité* (FLOURENS).

Sensibilité extrême d'un tissu malade.

Les tendons, insensibles à l'état normal, étant enflammés, deviennent sensibles.

XIII. *Dégénérescence* des nerfs.

Altérations histologiques et fonctionnelles.

Dégénérescence dans le sens centrifuge, qui dure trois jours environ pour être complète (LONGET).

Influence *trophique* des centres nerveux sur la vie des nerfs périphériques.

Les muscles restent irritables.

Belles expériences de WALLER. (Dégénérescence wallérienne, 1852).

Le centre trophique des nerfs sensitifs est dans les ganglions de leurs racines.

Le centre trophique des nerfs moteurs est dans les colonnes antérieures de la moëlle.

Application à l'étude de l'origine réelle des nerfs crâniens.

Dégénérescence variable en durée. Pigeon : 24 heures. — Lapin : 2 jours. — Chien : 4 jours. — Grenouille : 30 jours.

Dégénération ascendante.

— descendante.

Phénomènes histologiques. Multiplication des noyaux et cellules qui étouffent le cylindre axe.

A consulter :

ROSENTHAL. *Les nerfs et les muscles*, 1878, p. 89 à 206. — CLAUDE BERNARD. *Rapport sur les progrès de la physiologie générale*, 1867. Notes, p. 154 à 173. — RANVIER. *Leçons sur le système nerveux*, t. I, p. 270 à 413.

TRENTIÈME LEÇON

MOELLE ÉPINIÈRE.

1. *Anatomie de la moëlle épinière.*

Cordons antérieurs, et postérieurs.

Partie fondamentale.

Faisceau de TURCK. Colonnes de CLARKE. Substance de ROLANDO.

Substance grise. Substance blanche. Canal central. Cordons de GOLL.

Entrecroisement des pyramides.

La dégénérescence de cause trophique permet d'étudier le cours des fibres de la moëlle.

Dégénération *descendante*. Faisceaux de Turck.

Dégénération *ascendante*. Faisceaux de Goll.

Importance des dégénérescences dans la pathologie de la moëlle.

Chaque segment nerveux tient sous sa dépendance trophique le segment nerveux sous-jacent.

Dans l'étude de la moëlle, la pathologie, l'anatomie pathologique, la pathologie expérimentale et la physiologie sont confondues.

II. *Propriétés de la moelle.*

Propriétés *conductrices*.

— *automatiques*.

— *réflexes*.

Peut-être l'automatisme de la moëlle peut-il être amené à un acte réflexe.

Séparation des fonctions de conductibilité et de réflexion par le chloral, le chloroforme et les anesthésiques, qui *abolissent les réflexes* et laissent *persister la conductibilité*.

III. *Excitabilité de la moelle.*

Différences de la substance blanche et de la substance grise.

Hypothèses sur le rôle conducteur de la substance blanche.

Inexcitabilité de la substance grise par les excitations mécaniques, ou chimiques, ou électriques.

Le vrai excitant de la substance grise, c'est l'excitant nerveux (physiologique).

Excitabilité manifeste des cordons antérieurs (mouvement).

Ils ont aussi une *sensibilité récurrente.*

Excitabilité des cordons postérieurs (douleur).

Expériences de Van Deen et de Chauveau.

IV. *Voies de conduction dans la moelle.*

Les cordons antérieurs conduisent le mouvement.

La section produit paralysie du mouvement.

L'entrecroisement des filets moteurs se fait au bulbe.

Effets de l'hémisection. — Effets nuls d'une section longitudinale.

Difficultés notables pour expliquer la conduction dans les cordons postérieurs.

Expériences de BROWN-SÉQUARD et de SCHIFF.

L'hémisection de la moëlle exagère la sensibilité du même côté.

L'entrecroisement se fait immédiatement après la pénétration des nerfs dans la moëlle, et non au bulbe, comme pour les cordons antérieurs.

Effets d'une section longitudinale qui abolit la sensibilité des deux côtés.

Différences possibles entre la conduction des diverses sensibilités.

Sensibilité au toucher — à la chaleur — sensibilité musculaire.

La colonne de substance grise conduit les excitations douloureuses. Les cordons postérieurs conduisent les excitations tactiles (SCHIFF).

Expériences sur les hémisections alternantes et successives qui n'abolissent pas la sensibilité. Donc transmission dans tous les sens.

Avec une trace de substance grise comme pont la sensibilité est intacte.

Hypothèse de la *transmission indifférente* (VULPIAN). Voies *habituelles*, mais pas de voies *nécessaires* pour la transmission de la sensibilité.

V. *Applications aux maladies de la moelle.*

Importance des découvertes faites par les médecins français.

1. *Sclérose* (ou atrophie par prolifération conjonctive des cordons postérieurs).

Ataxie locomotrice (DUCHENNE de Boulogne, 1850).

Phénomènes principaux. *Douleurs.* — *Anesthésie.* — *Ataxie.* — *Lésions trophiques* (CHARCOT).

Influence de la sensibilité sur le mouvement.

Nécessité de la notion du mouvement exécuté par la perfection de ce mouvement.

Anesthésie. Retard dans les sensations transmises. — Ce retard va en croissant à mesure qu'on s'éloigne plus des centres.

Crises névralgiques violentes.

Lésions trophiques.

Schéma de la lésion médullaire au début de l'ataxie (racines postérieures) et à une période plus avancée (cordons de Goll et faisceaux latéraux).

2. *Sclérose latérale spasmodique* (Erb et Charcot).

Lésion des cordons latéraux.

Nul trouble de la sensibilité.

Contractures et trépidation.

3. *Atrophie musculaire progressive.* (Aran-Duchenne).

La paralysie labio-glosso-laryngée est un cas particulier de cette atrophie.

Lésion des cornes antérieures.

Rôle trophique démontré par l'anatomie pathologique.

4. *Sclérose latérale amyotrophique.*

Dégénérescence des faisceaux pyramidaux.

5. *Paralysie atrophique* de l'enfance.

La maladie, d'abord générale, se localise ensuite.

Mêmes lésions anatomiques que dans l'atrophie musculaire progressive.

6. *Paralysie spinale aigue* de l'adulte.

En résumé, on a le schéma suivant.

Lésions des

cornes antérieures	1° Atrophies. 2° Paralysies.
cordons antérieurs	1° Contractures. 2° Paralysies.
cornes postérieures	1° Douleurs. 2° Anesthésie.
cordons postérieurs	1° Douleurs. 2° Anesthésie. 3° Ataxie. 4° Troubles trophiques.

A consulter :

VULPIAN. Art. *Moëlle* du *Dictionnaire encyclopédique des sciences médicales*. — GRASSET. *Maladies du système nerveux*, 3e édition, p. 319 à 601. — FÉRÉ. *Anatomie médicale du système nerveux*, 1886. p. 246 à 310.

TRENTE-ET-UNIÈME LEÇON

ACTION RÉFLEXE.

I. *Notion générale de l'action réflexe.*

Définition. *Une excitation périphérique d'un nerf sensible qui détermine un mouvement de réponse.*

Reprendre la notion de l'unité du protoplasma nerveux (cylindre axe et cellule).

Historique des réflexes. DESCARTES (1640).

WILLIS (1690) qui parle de l'action *réflexe.*

PROCHASKA (1790) qui donne une théorie.

Legallois (1812) qui montre l'action réfléchie dans le bulbe.

Marshall, Hall et J. Muller, qui en font une étude approfondie (1830).

II. Rapports de l'action *réflexe* avec l'action *volontaire.*

La volonté est définie par le sentiment de l'effort et de la liberté.

Une action *consciente* peut être *réflexe* ou *volontaire.*

(Le clignement de l'œil après attouchement de la conjonctive est une *action réflexe consciente*).

Distinction de la nature des divers mouvements

qui sont :
- a. réflexes.
- b. automatiques
- c. machinaux
- d. volontaires.

Nulle démarcation entre les uns et les autres.

La marche est mouvement *machinal*.

La respiration est mouvement *automatique*.

La volonté *aide* certains réflexes (toux). Parfois elle n'y fait rien : parfois elle les affaiblit ou les empêche.

II. *Classification des réflexes*, selon qu'ils portent sur un muscle, ou sur plusieurs muscles.

Réflexes *médullaires*, simples.

Réflexes *cérébraux*, plus compliqués, dits *psychiques*.

De la nature des réflexes psychiques.

Appréciation de la qualité de l'excitant.

Élaboration intellectuelle qui renforce et transforme l'excitation.

Réflexes *simples* (sans appréciation de la qualité de l'excitant).

Réflexes *psychiques* (avec appréciation de la qualité de l'excitant).

1° d'*adaptation* (localisés).

2° d'*émotion* (généralisés).

α d'*organisation*.

β d'*acquisition*.

Schéma de ces réflexes.

Les réflexes psychiques d'organisation sont *génériques* et instinctifs.

Les réflexes psychiques d'acquisition sont *individuels* et intelligents.

III. *Généralité des réflexes*.

Toute la nutrition est sous la dépendance des réflexes.

Toutes les fonctions intellectuelles ne sont que des modalités de l'acte réflexe simple.

Chez tous les animaux importance fondamentale de l'acte réflexe. Réflexes des insectes, des lombrics, des poissons, des grenouilles.

La chaine ganglionnaire des insectes est l'homologue de la moëlle des vertébrés.

A mesure que l'être se développe, la vie réflexe se sépare de la vie psychique.

IV. *Siège de l'action réflexe.*

Expérience de R. WHYTT qui montre le rôle de la moëlle.

Expérience de BROWN-SÉQUARD qui montre le rôle de la substance grise.

Théorie de MARSHALL-HALL sur un système spécial réflexe dans la moëlle (?).

Les ganglions du grand sympathique peuvent-ils être centres réflexes ?

Expériences de CLAUDE BERNARD sur le rôle réflexe du ganglion sous-maxillaire. D'après SCHIFF, ce seraient les filets récurrents de la corde du tympan.

Expérience de VULPIAN sur l'action tonique que le ganglion central exerce sur l'iris.

Probabilité du rôle réflexe des ganglions sympathiques.

La réflexion est une propriété générale de la substance nerveuse.

Toute excitation qui parvient à la moëlle peut être perçue et provoquer un acte réflexe (intoxication par la strychnine).

Discuter la question des *centres réflexes*.

Excitants des réflexes.

Méthodes employées.

Excitants *mécaniques*.

Sensibilité extrême de l'organisme aux excitants mécaniques.

Accumulation des excitants (addition latente).

Influence des terminaisons nerveuses, plus sensibles que les troncs nerveux.

Excitants *chimiques*.

Méthode de Turck. Méthode de Sanders Ezn.

La rapidité de la réponse mesurée par l'intensité de l'excitation.

Différences entre une grenouille normale et une grenouille décapitée.

Excitants *thermiques.*

C'est un faible excitant des réflexes.

Les excitations *douloureuses* ne sont pas celles qui provoquent les réflexes les plus énergiques.

Excitants *électriques.*

Expériences myographiques.

Influence de l'addition latente, faible sur la contraction musculaire directe, très marquée sur la contraction réflexe.

Contraste général entre l'excitation directe et l'excitation réflexe. Transformation de l'excitation dans la moëlle.

Difficultés d'une *théorie* de la vibration nerveuse. La vibration nerveuse est-elle toujours identique, quel que soit l'excitant ?

VI. *Tonicité* et *spontanéité* de la moëlle.

Excitations réflexes permanentes venant de la périphérie.

Tonicité des muscles innervés.

Tonicité du système *vaso-moteur*.

Circulation nerveuse (?).

VII. *Lois des réflexes.*

Expériences de PFLUGER.

Loi de la *localisation* (1).

Réflexes innombrables de la nutrition, des actes excrétoires et secrétoires.

Adaptation à un but. Finalité de cette localisation.

Loi de l'*irradiation*.

Une excitation forte fait vibrer toute la moëlle.

Finalité de cette loi. Défense de l'organisme.

Contraste entre une excitation faible et une excitation forte.

Irradiation transversale et longitudinale.

Loi de l'*ébranlement prolongé*.

(1) Cette classification, donnée par moi en 1882, est textuellement reproduite, sans indication, dans quelques ouvrages.

Influence d'une excitation unique, qui provoque une réponse prolongée.

Sublatâ causâ, non tollitur effectus.

Loi de la *coordination*.

C'est la loi la plus difficile à comprendre.

Expériences de PFLUGER et d'AUERBACH.

Adaptation à un but déterminé qui parait intelligente.

Y a-t-il intelligence dans la moëlle ?

Différences entre la moëlle des vertébrés inférieurs et celle des vertébrés supérieurs : dans la chaine ganglionnaire des insectes, les différences sont faibles entre les portions supérieures et inférieures.

Problème non résolu encore; car il est impossible d'établir une distinction absolue entre un acte intelligent, et un acte réflexe adapté à un but.

Il faut admettre dans la moëlle une certaine connaissance de l'excitation.

A consulter :

WUNDT. *Éléments de psychologie physiologique*; traduction française, t. I, 1886, p. 184 à 206. — SETSCHENOFF. *Études psychologiques*; traduction française, 1884. — CH. RICHET. *Les réflexes psychiques. Revue philosophique* 1888. t. XXV, p. 225, 387, 500.

TRENTE-DEUXIÈME LEÇON

ACTION RÉFLEXE (*suite*).

I. *Vitesse* des actions réflexes.

Moins régulière et uniforme que la transmission nerveuse.

Proportionnelle à l'intensité de l'excitant et à l'excitabilité de la moëlle.

0" 05 chez l'homme (?)

0" 01 chez la grenouille (?)

Différence de la vitesse *transversale* et de la vitesse longitudinale.

II. Influence *des centres nerveux supérieurs.* (SETS-CHENOFF).

Exagération des réflexes après décapitation.

Ce n'est pas l'influence excitante d'un traumatisme de la moëlle.

Diminution de l'activité réflexe par l'excitation des centres supérieurs.

Action de la lumière et des nerfs optiques.

Hypothèse des excitations *psychiques interférant* avec les excitations sensitives de la périphérie.

Expériences montrant l'action antagoniste de divers réflexes (peut-être action inhibitoire).

III. Hypothèse d'un *centre réflexe général* (non soutenable).

Il y a des réflexes partout dans la moëlle.

Les réflexes de coordination sont dans le bulbe.

Le bulbe est un point de convergence pour les réflexes généralisés.

IV. *Vie de la moëlle.*

Durée des réflexes dans l'asphyxie et l'anémie.

Expérience de STÉNON. Interprétation défectueuse de cette expérience. Ce n'est pas la moëlle qui est paralysée.

Variétés de la durée des actes réflexes après anémie chez les divers animaux.

Expériences de BUFFON sur les nouveau-nés.

Quelques secondes de durée pour les vertébrés supérieurs adultes.

Durée longue chez les hibernants et les animaux à sang froid.

Grenouilles : 1/2 heure en été, 6 heures en hiver.

Tortues : plus de 24 heures (en hiver).

La hiérarchie physiologique n'est pas parallèle à la hiérarchie anatomique.

Diversité de la durée des réflexes après anémie chez les divers poissons (sardine : 1 minute ; anguille : plusieurs heures).

C'est la consommation des tissus en O qui règle la durée des réflexes.

Comparaison entre la vie de la moëlle (très fragile) et la vie des autres tissus.

V. *Substances qui augmentent ou abolissent les réflexes.*

Strychnine (surexcitant).

Influence de la dose sur les effets de la strychnine.

Anesthésiques (chloral et chloroforme qui abolissent d'abord l'action intellectuelle, puis l'action réflexe, et plus tard seulement l'action automatique du bulbe).

La *morphine*, qui abolit l'action cérébrale, augmente plutôt les réflexes.

VI. *Classification des réflexes.*

a. Réflexes *musculaires.*

glandulaires.

trophiques.

(Les uns et les autres sont *thermiques*).

b. Réflexes d'*excitation.*

d'*inhibition.*

La combinaison de ces deux sortes de réflexes est inextricable.

c. Réflexes suivant le point excité sensible.

Réflexes *cutanés*

viscéraux.

sensoriels.

d. Réflexes suivant le groupe de muscles excités.

Réflexes de la vie animale.

de la vie végétative.

des adaptations sensorielles.

VII. *Réflexes de la vie animale.*

Caractères généraux. Défense de l'organisme.

Les réflexes des excitations fortes déterminent dans toute la sphère d'action de la moëlle une défense énergique (exemple : douleur).

Iris — Cœur — Respiration — Peau — Secrétions — Excrétions — Tension artérielle.

Harmonisation de la vie avec les conditions extérieures.

Étude spéciale de quelques réflexes.

Mouvements du cœur.

de l'iris.

de la respiration.

Mouvements de l'estomac.

des vaisseaux artériels.

A consulter :

VULPIAN. *Leçons sur le système nerveux*, p. 392 à 465. — DASTRE. *Les anesthésiques*, 1890. — CH. RICHET. *Essai de psychologie générale*, 1888.

TRENTE-TROISIÈME LEÇON

FONCTIONS DU CERVEAU EN GÉNÉRAL

1. Disposition générale de l'*appareil encéphalique*.

Différences considérables entre l'homme et les animaux, entre les mammifères et les autres vertébrés, entre les vertébrés et les invertébrés.

La différenciation des êtres porte surtout sur l'appareil cérébral.

Il faut distinguer des étages de substance grise superposés.

Étage inférieur, bulbaire.

Étage moyen : protubérance et ganglions cérébraux.

Étage supérieur : circonvolutions.

Constitution chimique du cerveau.

(Schéma).

Eau	. . . . .	750
Albumine	. . .	125
Cholestérine	. .	40
Protagon	. . .	80
Prosphates	. . .	4
Autres sels	. . .	1

Le protagon est formé de lécithine (substance grasse phosphorée) et de cérébrine.

La cérébrine est du phospho-distéaro-glycérate de névrine.

Constitution de la névrine (Wurtz).

$$Az \begin{cases} CH_3 \\ CH_3 \\ CH_3 \end{cases} \quad \text{triméthylamine.}$$

$$C_2H_4 \begin{cases} OH \\ OH \end{cases} \quad \text{glycol.}$$

Combinaisons de ce corps avec l'acide phosphorique.

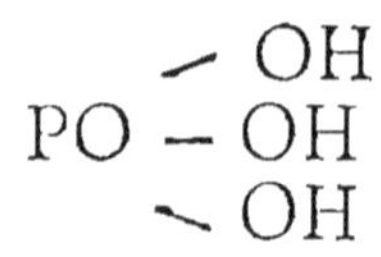

et avec l'acide glycéro-phosphorique.

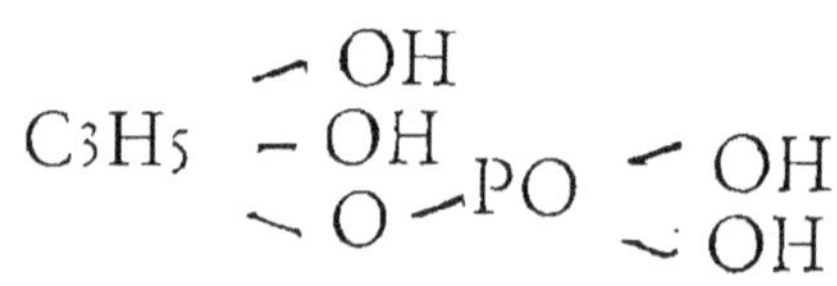

et distéaro-glycéro-phosphorique.

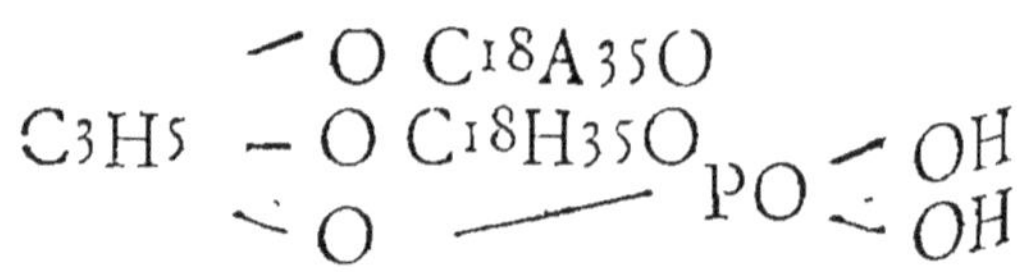

Travail cérébral au point de vue chimique.

Il y a plus de *cholestérine* dans les veines (?)

Production de phosphates dans l'urine, après le travail cérébral (et les attaques d'épilepsie).

Peut-être augmentation de l'urée excrétée et élévation de la température de l'organisme.

Phénomènes thermiques dans le cerveau par le travail. Expérience de SCHIFF sur des pigeons.

Il n'y a pas corrélation entre la température du cerveau et la température du crâne.

Le travail cérébral est un travail d'origine *chimique,* comme l'avait pressenti LAVOISIER.

III. *Circulation cérébrale.*

Notions anatomiques.

Anastomoses des troncs artériels (hexagone de WILLIS).

Les deux vertébrales s'abouchent avec les deux carotides.

La ligature des quatre artères est nécessaire pour l'anémie totale ; et parfois insuffisante par suite des spinales.

Différences entre l'homme et les animaux au point de vue de la ligature des carotides, mortelle chez l'homme.

Distribution du sang dans le cerveau. Réseau vasculaire de la pie-mère, pour éviter l'abord brusque du sang. Substance grise plus vasculaire que la substance blanche.

IV. *Membranes du cerveau.*

Dure-mère. Résistance de cette membrane. *Sensibilité extrêmement vive,* malgré l'opinion de HALLER. Sinus veineux communiquant avec les sinus des os du crâne.

Arachnoïde passant comme un pont au-dessus des circonvolutions.

Pie-mère : réseau vasculaire.

V. *Liquide céphalo-rachidien.*

Composition chimique. *Pas d'albumine.* Caractère important, dans le diagnostic des fractures du crâne.

Rôle du liquide céphalo-rachidien.

Expérience fondamentale de MAGENDIE (1822), qui constate les mouvements du cerveau.

Section de la nuque (LONGET).

VI. *Mouvements du cœur.*

Afflux de sang au moment de la systole, et gonflement du cerveau. (Les solides ne pouvant être comprimés, il y a forcément une certaine quantité de liquide expulsé).

Expérience de A. RICHET sur le départ du liquide céphalo-rachidien pendant la pulsation et l'expiration.

Graphique de la pulsation cérébrale d'après les belles expériences de MOSSO.

Malgré l'intermittence du cours du sang, le travail cérébral peut être *continu*.

Mouvement du cerveau dans l'expiration forcée (fontanelles des enfants, hernies du cerveau).

D'après Mosso, le liquide céphalo-rachidien ne va pas dans la moëlle, mais comprime les sinus veineux.

Expérience montrant l'influence de l'inspiration, et de l'expiration forcée.

Effets de la station verticale, de la compression de la carotide, et de la compression des jugulaires.

VII. Compression du *cerveau* — Commotion cérébrale. (Expériences de DURET). — Ralentissement du pouls et de la respiration.

Difficultés de dissocier la compression du bulbe et la compression de l'encéphale.

VIII. *Anémie* du cerveau.

Anémie *partielle* ou *totale*, *relative* ou *absolue*.

Chez l'homme l'anémie absolue (décapitation) produit la mort psychique *en une ou deux secondes*. De même chez les mammifères.

Dans la tête séparée du tronc, il y a pendant trente secondes des mouvements convulsifs, non psychiques.

Réviviscence du cerveau par la transfusion (Brown-Séquard).

Hiérarchie physiologique des tissus : l'appareil psychique est le plus délicat de tous.

Hiérarchie des êtres. Chez les vertébrés inférieurs la vie du cerveau persiste quelque temps après l'anémie absolue (grenouilles salées).

Expériences sur l'anémie.

Influence de l'attitude : un lapin mis debout, meurt en moins d'une demi-heure.

Injections de poudres inertes. Injection d'air dans la carotide. Mort immédiate.

Anesthésie produite par la compresssion des carotides (?)

Vertige par une modification brusque d'attitude — *Coups d'anémie* en pathologie. Aphasies et paralysies transitoires.

IX. Théorie du sommeil par l'*anémie*.

L'épilepsie serait de l'anémie cérébrale localisée.

Difficultés pour établir une théorie satisfaisante du sommeil. Congestion de l'iris.

Il y a anémie partielle du cerveau dans le sommeil. (Expériences de Mosso de Rummo).

Balance pléthysmographique.

Influence des émotions pendant le sommeil.

Le cerveau règle sa propre circulation.

La circulation cérébrale est dans une certaine mesure indépendante des autres circulations.

Toute émotion retentit sur la circulation cérébrale.

Le sommeil est-il un phénomène *mécanique, dynamique*, ou *humoral?*

Causes du sommeil. Périodicité des phénomènes nerveux.

Sommeil des plantes.

Somnambulisme et hypnotisme.

X. *Action de la température sur le cerveau.*

Effets de la chaleur au-dessus de 41°.

Délire thermique, qui ne s'observe pas sur les animaux, mais seulement sur l'homme.

Anesthésie des grenouilles au-dessus de 35°.

Anesthésie des écrevisses au-dessus de 25°.

Influence du froid qui produit le coma et la stupeur.

Les vertébrés à sang froid et les invertébrés sont encore actifs, quand la température est voisine de 0°.

L'élévation de température accroît leur activité psychique. Assimilation de l'acuité psychique à l'activité chimique.

Sommeil des hibernants.

XI. *Influence* de la respiration et de l'oxygène.

Asphyxie. Les fonctions psychiques sont paralysées les premières.

Nécessité d'une tension forte de l'O pour l'activité cérébrale.

Effets psychiques du mal des montagnes.

Poisons psychiques. Le début de leur action est le délire (ivresse alcoolique, chloroformique, etc).

Le maximum de leur action est le coma.

Dissociation, par les poisons, des différentes cellules nerveuses. Les cellules psychiques sont les plus sensibles.

XII. *Travail cérébral.*

Mesure de sa durée. *Équation personnelle.*

La réponse à une excitation tactile ou acoustique = 0" 15.

— à une excitation optique = 0" 18.

La durée d'un jugement = 0" 10.

Il faut une excitation plus forte pour provoquer une réponse cérébrale que pour un réflexe simple.

Addition latente bien plus marquée pour le cerveau que pour la moëlle.

A consulter :

VULPIAN. *Leçons sur les vaso-moteurs*, t. II, p. 48 à 164. — CH. RICHET. *Leçons sur la physiologie des muscles et des nerfs*, p. 802 à 883. — FRANÇOIS-FRANCK. *Leçons sur les fonctions motrices du cerveau*. 1887.

TRENTE-QUATRIÈME LEÇON

FONCTIONS DES CIRCONVOLUTIONS CÉRÉBRALES.

I. *Circonvolutions cérébrales.*

Dispositions anatomiques.

L'écorce grise du cerveau existe à peine chez les invertébrés inférieurs.

Cerveau lisse des oiseaux.

Cerveau peu développé en circonvolutions des rongeurs.

Circonvolutions développées des carnivores, des ruminants, et surtout de l'éléphant, du singe, de l'homme.

Cerveau lisse des fœtus et des nouveau-nés.

Le développement *des circonvolutions est parallèle à celui de l'intelligence.*

II. *Divisions anatomiques de l'écorce cérébrale.*

Scissure interhémisphérique.

Scissure de ROLANDO. Scissure de SYLVIUS.

Scissure perpendiculaire.

Lobe frontal avec trois circonvolutions.

Circonvolution post-rolandique.

Circonvolution pré-rolandique.

Lobe du pli courbe.

Circonvolution du corps calleux.

Lobe occipital avec trois circonvolutions.

Lobule paracentral.

Lobe limbique.

Notions sur le schéma de l'écorce cérébrale déplissée. C'est la projection du système nerveux périphérique.

Structure des diverses couches de l'écorce cérébrale (BAILLARGER-GOLGI).

II. Historique du *rôle des circonvolutions.*

GALL a le premier pensé que ce n'était pas désorsordre et qu'il y avait un type.

Travaux de ROLANDO, GRATIOLET, BROCA, CHARCOT.

Expériences mémorables de FRITSCH et HITZIG (1870) poursuivies par FERRIER, CARVILLE et DURET, FRANCK et PITRES, GOLTZ, MUNK.

I. Fonctions motrices, *localisées* dans la région *rolandique.*

Procédé de l'excitation électrique.

L'écorce cérébrale est directement excitable.

Réfutation des objections faites à cette hypothèse. (Diffusion des courants. Propagation par les vaisseaux. Pénétration dans la substance blanche).

L'écorce blanche sous-jacente est moins excitable que l'écorce grise (FRANCK et PITRES), sauf dans le cas d'anesthésie par le chloral.

Localisation très exacte de l'excitation.

Le point excitable n'est pourtant pas absolument fixe.

Forme du mouvement produit par l'excitation électrique cérébrale dans le membre du côté opposé.

Centres du membre antérieur, du membre postérieur, des mouvements du cou, de la nuque, du tronc, des yeux, de la queue.

La localisation est d'autant plus complète que l'écorce cérébrale est plus développée.

Retard dans la transmission. Addition latente.

V. *Procédé de l'ablation.*

Paralysie consécutive.

Théories de cette paralysie.

Théorie de SCHIFF. Perte du sens musculaire et de la sensibilité.

Théorie de LUCIANI. Paralysie par déficience.

Rétablissement de la fonction.

Hypothèse peu claire de la suppléance.

Paralysies corticales chez l'homme.

Est-ce un trouble moteur, ou un trouble sensitif ?

La physiologie comparée montre que ce n'est pas une vraie paralysie ; mais une paralysie psychique.

Idée des centres psycho-moteurs.

Expériences encore peu concluantes de la *circonvallation.*

VI. *Épilepsie corticale.* (HITZIG 1870).

Description du phénomène.

Forme de l'attaque. Graphique de l'attaque d'épilepsie (FRANCK). Secousses *toniques, tétaniques*, puis *cloniques.*

L'excitation de l'écorce sous-jacente ou des fibres capsulaires ne produit pas d'attaque épileptique.

Prolongation de l'attaque.

Comparaison avec l'épilepsie pathologique et l'épilepsie toxique (absinthe, strychnine, cocaïne).

La strychnine produit une épilepsie médullaire. La cocaïne et l'absinthe, produisent l'épilepsie cérébrale.

Aura epileptica.

Épilepsie jacksonienne (HUGHLING JACKSON).

Ablation chez l'homme de tumeurs produisant l'épilepsie localisée (HORSLEY).

Des théories de l'épilepsie. Épilepsie héréditaire.

VII. *Action des circonvolutions* sur les phénomènes de nutrition (pression artérielle — respiration — contractions cardiaques — volume de la rate — température).

De l'attaque *interne* d'épilepsie corticale chez les animaux curarisés.

VIII. *Fonctions sensitives des circonvolutions.*

Expériences de Ferrier, et surtout expériences de Munk.

Sphères corticales *visuelle, auditive.*

De la cécité psychique.

Effets de l'ablation des circonvolutions occipitales.

Localisation de la vision psychique dans le pli courbe.

IX. *Théorie générale* dss fonctions du cerveau aux points de vue moteur et sensitif.

Les réflexes forment un étage bulbo-protubérantiel (c'est le réflexe d'instinct et d'organisation).

Au-dessus est l'étage cérébral — c'est le réflexe psychique d'intelligence.

Modification par l'accumulation des sensations antérieures. *Les circonvolutions cérébrales sont l'appareil de la mémoire.*

X. *Imperfection* des expériences faites sur les animaux.

Nécessité de la pathologie et de l'anatomie pathologique humaine pour la fonction cérébrale de l'homme.

Belle découverte de BROCA (1861) *sur l'aphasie.*

Localisation exacte du langage (3e *circonvolution frontale gauche*).

Décomposition du langage et de la mimique en plusieurs centres. De là différentes formes d'aphasie — *cécité verbale* — *surdité verbale* — *alalie* — *agraphie.*

XI. *Rapports du cerveau avec l'intelligence.*

Poids du cerveau.

Poids absolu. Poids relatif.

Plus l'être est petit, plus le cerveau est comparativement gros.

Il y a une quantité fixe qui sert à l'intelligence; et l'autre quantité est proportionnelle à la surface.

Pour 1000 grammes du poids du corps, on a, pour le cerveau :

Autruche. . .	0 9	Bœuf. . .	1 25
Oie.	3 0	Mouton. .	2 8
Canard. . .	13 0	Lièvre. . .	4 2
Sarcelle. . .	4 1	Rat. . . .	7 1
Mésange. . .	80 0	Souris. . .	25 0
Baleine. . .	0 3	Tortue. . .	0 2

L'homme a 21 pour 1000.

Poids de divers cerveaux d'hommes.

CROMWELL	2200
TOURGUENEFF	2020
CUVIER	1830
BROCA	1484
GAMBETTA	1160

La moyenne chez l'homme est entre 1250 et 1450 grammes.

Rapport mesuré de la moëlle au cerveau.

Chez les femmes le cerveau est absolument et relativement plus petit que chez les hommes.

Angle facial. Différences de races, et des espèces et des variétés (180 chez le blanc et 120 chez le nègre).

Variations du cerveau avec l'âge.

XII. *Expériences* faites sur le cerveau, et appréciation de l'état psychique des animaux opérés.

Chiens de Goltz, dont le cerveau a presque été enlevé en totalité, et qui sont devenus inintelligents.

Expériences sur les oiseaux.

Formule cérébrale des divers animaux : pour les poissons (cerveau olfactif), pour les oiseaux (cerveau optique), pour l'homme (cerveau frontal).

XIII. *Le cerveau*, organe de luxe, réceptacle des idées antérieures.

Réflexe simple — moëlle épinière.

coordonné — bulbe.

psychique, d'organisation — ganglions cérébraux.

Réflexe psychique d'acquisition — circonvolutions cérébrales.

A consulter :

BASTIAN. *Le cerveau et la pensée*, (traduction française). 2 vol. Paris, 1882. — G. BALLET. *Le langage intérieur*, 1 vol. in-12, Paris, 1886. — FERRIER. *Les fonctions du cerveau*, (traduction française).

TRENTE-CINQUIÈME LEÇON

FONCTIONS DE L'ENCÉPHALE.

I. *Anatomie* des parties sous-corticales du cerveau.

Corps strié.

Couches optiques.

Ces deux régions représentent les ganglions cérébraux. — Noyaux de substance grise.

Ils sont à la fois organes actifs, siège de réflexes, et voies de transmission.

Noyau ventriculaire.

Noyau lenticulaire (trois segments.

Avant-mur.

Capsule interne entre le noyau lenticulaire et la substance grise intra-ventriculaire.

Capsule externe entre l'avant-mur et le noyau lenticulaire.

Rôle de la capsule interne : en arrière, passage des fibres sensitives (après sa section il y a anesthésie) ; en avant, passage des fibres motrices (après sa section, il y a paralysie).

Observations d'hémorrhagies cérébrales chez l'homme.

Les corps opto-striés ont une fonction encore mal connue. Après leur destruction, il y a persistance de la sensibilité et du mouvement (?).

Expériences célèbres de FLOURENS *sur l'ablation totale de l'encéphale* (chez des pigeons).

Absence de spontanéité.

Sommeil sans rêves.

Continuation de la vie végétative.

III. *Fonctions du cervelet.*

Hypothèse injustifiée de Gall sur la fonction génésique du cervelet.

Expériences de Flourens qui montrent que le cervelet est un appareil de coordination et d'équilibre.

La coordination est-elle une fonction ?

Différences entre la coordination et l'impulsion motrice ou volonté.

L'excitation électrique du cervelet produit des mouvements oculaires.

Observations de tumeur du cervelet chez l'homme. Troubles de la sensibilité tactile.

Cervelet : organe du sens musculaire d'après Lussang.

IV. *Fonctions des canaux semi-circulaires.*

Expériences de Flourens.

Troubles moteurs ; incoordination. Analogie des fonctions des canaux semi-circulaires avec les fonctions du cervelet.

Hypothèse d'un *sens de l'espace*, avec un nerf spécial (branche de la VIIIe paire).

Maladie de MÉNIÈRE (lésions de l'oreille interne).

Fonctions des *pédoncules cérébraux.*

Effets de rotation déterminés par la section.

Rotation en manège, en roue, sur le grand axe.

Prédominance des mouvements d'un côté qui entraînent le corps.

I. *Tubercules quadrijumeaux.*

Les homologies des tubercules quadrijumeaux.

Trajet des bandelettes optiques.

II. *Protubérance annulaire et bulbe.*

Hypothèse d'un *sens commun.*

Il n'y a plus de centres psychiques dans la protubérance.

Il y a des centres d'association (réflexe coordonnés de la vie végétative).

Centre de la mimique faciale.

de la mastication et de la succion.

des mouvements des yeux.

des mouvements convulsifs.

Centres vaso-dilatateur, accélérateur du cœur, arrestateur du cœur, respiratoire, thermique.

L'existence de ces divers centres est douteuse. (Leur étude détaillée est à faire avec chacune de ces fonctions).

VIII. Résumé *schématique* sur les fonctions du cerveau.

Un mouvement volontaire peut être considéré comme un réflexe compliqué (psychique).

Modifications successives de l'excitation. Synergie par le bulbe.

Coordination par le cervelet.

Adaptation par la protubérance.

Réflexe d'organisation par les ganglions opto-striés.

Réflexe psychique d'acquisition (intelligence) par l'écorce cérébrale.

Le cerveau est l'appareil de la mémoire.

Les corps opto-striés sont l'appareil de l'instinct.

Le cervelet est l'appareil de la coordination.

Le bulbe est l'appareil de la synergie et de l'adaptation.

A consulter :

FRANÇOIS-FRANCK. *Article* Système nerveux *du Dictionnaire encyclopédique des sciences médicales.* — FLOURENS. *Recherches sur les propriétés et les fonctions du système nerveux.* 1842. — VULPIAN *Leçons sur le système nerveux.* 1866.

TRENTE-SIXIÈME LEÇON

NERFS CRANIENS.

I. *Nerfs sensoriels, sensitifs, moteurs.*

Rôle important des physiologistes français dans l'histoire de cette partie du système nerveux (MAGENDIE, FLOURENS, LONGET, CLAUDE BERNARD).

II. *Physiologie générale des nerfs sensoriels.*

Ils sont dépourvus de sensibilité générale.

Ils ont des terminaisons périphériques qui sont aptes à vibrer par des excitations faibles.

Ils se développent aux dépens de la substance cérébrale primitive.

Chez les êtres inférieurs, les excitations lumineuses et auditives, peut-être même olfactives, sont perçues, quoique d'une manière insuffisante.

Les nerfs du goût viennent de plusieurs nerfs (lingual, glosso-pharyngien, corde du tympan). En effet, les sensations gustatives sont peut-être d'origine chimique.

II. Nerf *olfactif.*

Les excitations du nerf olfactif sont-elles chimiques, ou dynamiques ?

Nerf *optique.*

Ce sont des vibrations de l'éther, ondes lumineuses qui excitent la rétine.

Ce sont les vibrations de l'air qui excitent le nerf *acoustique.*

L'action chimique excite les nerfs du goût.

Les excitations mécaniques excitent les nerfs du toucher.

Nécessité d'un nerf sensitif et d'un nerf moteur pour les excitations sensorielles.

Le trijumeau et le facial ont ce rôle.

IV. *Rôle de la sensibilité dans les phénomènes sensoriels.*

Vue. Sensibilité de la conjonctive (clignement).

Odorat. Sensibilité de la muqueuse. Discussion sur le rôle du trijumeau dans l'odorat.

Ouïe. Rôle de la caisse du tympan, de la déglutition réflexe.

Goût. Section du lingual — Salivation réflexe.

Rôle de la motilité, plus important encore.

Vue. Accommodation ;

Mouvements de l'œil et de l'iris.

Clignement.

Plusieurs paires nerveuses (4) sont affectées aux mouvements de l'œil ; en outre le grand sympathique agit.

Olfaction. Mouvements respiratoires nécessaires.

Mouvement spécial de dilatation de la narine.

De là deux nerfs accessoires des organes des sens. Le *trijumeau* et le *facial* : (première paire crânienne).

Anatomie du trijumeau. Origine apparente grosse racine, petite racine (masticatrice).

Ganglion de GASSER.

Sensibilité à la face à l'œil. au crâne, à la dure mère, aux muqueuses de la face.

Innervation de toute la face et le crâne, sauf au conduit auditif (pneumogastrique), à la langue (glosso-pharyngien) et à la nuque (anastomoses avec les premières paires rachidiennes).

Anastomoses avec le facial (auriculo-temporal) auquel il donne la sensibilité récurrente. et avec le grand sympathique qui fournit des filets secréteurs.

Sensibilité spéciale de la cornée (photophobie).

Éternûment réflexe — difficultés dans l'interprétation de ces phénomènes.

Section du trijumeau (MAGENDIE). Absence de clignement. Phénomènes trophiques graves de la cornée. Expérience de SPELLEN sur la protection de la cornée.

Phénomènes d'ulcération des lèvres par les dents.

Influence du ganglion de GASSER sur les phénomènes trophiques (la section après le ganglion est accompagnée de troubles plus rapides et plus graves). — Notions sur la nature des phénomènes trophiques.

Rôle du trijumeau dans la secrétion des larmes.

Rapports du trijumeau avec les ganglions du grand sympathique.

ganglions	branches
— ophtalmique.	— ophtalmique
— de MECKEL, ou sphéno-palatin.	— maxillaire supérieure
— otique.	— maxillaire inférieure.

Chacun de ces ganglions a trois racines :

α sensitive. — trijumeau.
β motrice — facial.
γ sympathique — grand sympathique.

VI. *Nerf facial.*

L'anatomie et la physiologie sont éclairées par les paralysies du facial fréquentes chez l'homme.

Anatomie : Origine réelle. Origine apparente.

Nerf de WRISBERG, dont on ignore la fonction.

Hypothèses sur le nerf de WRISBERG.

Moteur du muscle du marteau (LONGET).

Rameau erratique du glosso-pharyngien qui donne la corde du tympan (M. DUVAL). Alors le glosso-pharyngien serait l'unique nerf de la gustation.

Fonctions multiples du facial.

Nerf d'adaptation des fonctions sensorielles (clignement — olfaction — ouïe).

Nerf de la mimique (phonation et expression de la face).

Nerf respiratoire (CH. BELL).

Nerf de la déglutition (moteur).

Anastomoses avec le glosso-pharyngien et le pneumogastrique.

Dans le crâne, le facial est insensible. Il n'a qu'une sensibilité récurrente.

Effets de la paralysie du facial.

Distinction des noyaux moteurs de l'orbiculaire des paupières, de l'orbiculaire des lèvres.

Paralysies centrale, interstitielle, périphérique simple, double ou alterne.

Distinction d'un facial supérieur et d'un facial inférieur. Trajet dans le bulbe.

Phénomènes différents de l'excitabilité faradique ou galvanique, selon le siège de la lésion (centrale ou périphérique).

Troubles trophiques par lésions du noyau du facial, (paralysie labio-glosso-laryngée).

Hyperacousie.

Déviation des traits (du côté sain).

Effacement des rides.

Déviation de la luette (Debrou, Longet).

Insensibilité gustative.

Lagophtalmos.

Diminution de l'odorat.

Paralysie partielle du voile du palais.

Paralysie partielle de la langue.

Ecoulement des larmes (paralysie du muscle de Horner).

A consulter :

Claude Bernard. *Leçons sur le système nerveux*, t. II, p. 1 à 198.

TRENTE-SEPTIÈME LEÇON

CONTRACTION MUSCULAIRE.

I. *Du mouvement en général. Contractilité.*

Généralisation de la contractilité cellulaire (plantes, êtres inférieurs, amibes, leucocytes). Cils vibratiles.

A mesure que l'être se perfectionne les cellules destinées au mouvement prennent une forme différente des autres (glandulaires — nerveuses — osseuses — fibreuses etc.).

Cellules névro-musculaires de KLEINENBERG.

Structure des muscles (à fibres lisses — à fibres striées).

Nature cellulaire de la fibre musculaire.

Changements de forme pendant la contraction.

Nul changement de volume.

Difficulté d'apprécier les modifications de la forme sans un appareil graphique.

*Myographe d'*HELMHOLTZ (1850), puis de MAREY.

Détails techniques sur le myographe.

Chronographie. Signal électrique de M. DEPREZ.

Myographe à ressort. Myographe à poids.

Forme de la *secousse musculaire* déterminée par une excitation électrique.

Période latente. En moyenne 1/100 de seconde (chiffre plutôt fort).

Variations de cette période avec les divers muscles : courte pour les muscles rapides, longue pour les muscles lents (tortue, limaçon).

Période latente des muscles libres, très lente. Variation avec la courbe même du muscle.

IV. *Autres périodes de la secousse musculaire.*

Ascension. Descente.

Pas de plateau. La descente est trois fois plus longue que l'ascension.

Modification de la forme de la secousse par les poids tenseurs du myographe.

Influence de l'excitation sur la hauteur de la secousse. Influence du poids, de l'hémorrhagie, de la fatigue, de la chaleur, du froid.

Toutes les causes de perversion de l'activité musculaire rendent la secousse plus lente et plus longue.

Influence des excitations fortes. Contracture.

Contraction idiomusculaire. Onde secondaire.

Action des divers poisons. *Vératrine.*

V. *Tétanos musculaire.*

La contraction volontaire et réflexe résulte de la fusion de plusieurs secousses élémentaires.

Expériences d'HELMHOLTZ.

Excitabilité croissante. Addition latente (CH. RICHET).

Tétanos physiologique.

Nombre de secousses nécessaires pour amener la fusion tétanique des secousses.

Variations chez les espèces animales. Rapport de ce nombre avec la forme de la secousse.

	par seconde
Insectes. . . .	300
Oiseaux. . . .	100
Cobayes. . . .	60
Hommes . . .	40
Tortues. . . .	3
Limaçons. . .	0, 1

Différences des divers muscles d'un même animal.

Observations de Ranvier sur les muscles pâles et les muscles rouges du lapin ; de Ch. Richet sur le muscle de la queue et le muscle de la pince de l'écrevisse.

Effets de la fatigue sur la fusion des secousses isolées.

Contraction initiale. Epuisement rapide de l'excitabilité. — Contraction finale.

Secousse latente.

Tétanos rythmique.

Importance du tétanos rythmique. Cœur.

VI. *Bruit musculaire.*

Méthode d'observation.

Microphone. Auscultation.

32 vibrations par seconde.

VII. *Contraction volontaire.*

Nombre des contractions volontaires que nous pouvons exécuter (environ 12 par seconde au plus).

Méthodes employées (parole).

Conclusion au point de vue de la vibration nerveuse volontaire, comparée à la vibration musculaire.

Le cœur a-t-il une contraction multiple (tétanos) ou une seule secousse ?

Méthode des contractions induites.

III. *Onde musculaire.*

Méthode d'Aeby.

Chiffres différents selon les auteurs ; l'onde est probablement de 2 à 4 mètres par seconde.

X. *Élasticité du muscle.*

Notions physiques sur l'élasticité, complète ou incomplète, forte ou faible.

Extensibilité.

Extensibilité supplémentaire.

La contraction peut être considérée comme le changement d'élasticité du muscle.

Influence du poids sur la forme de la contraction musculaire. Paradoxe de Weber.

Contraction latente.

Contraction plus lente quand le poids est lourd.

X. *Mesure de travail accompli par le muscle.*

Évaluation de la force (Weber).

Un centimètre carré de muscle a une force de 5 kilos environ.

Une patte de grenouille peut soulever 1 kilog.

Dynanomètres.

Influence de l'excitation nerveuse sur la force musculaire.

La mesure du travail est le poids multiplié par la hauteur dans l'unité de temps.

Effet utile maximum. Appareil de FICK.

Mesure de l'effet utile par la méthode graphique.

Hauteur de la secousse multipliée par la charge à supporter.

L'effet utile maximum coincide avec le poids moyen.

XI. *Rôle de l'élasticité dans les phénomènes biologiques.*

Économie de travail (Loi de MAREY).

XII. *Toxicité musculaire.*

Influence des centres nerveux.

Toxicité réflexe. Le muscle n'est jamais tout à fait relâché.

Contractures pathologiques. — Exagération de tonicité dans l'hystérie.

A consulter :

CH. RICHET. *Physiologie des muscles et des nerfs*, p. 1 à 202.

TRENTE-HUITIÈME LEÇON

IRRITABILITÉ, EXCITABILITÉ, SENSIBILITÉ DES MUSCLES.

I. Définition de l'irritabilité. *Réponse à un excitant par un mouvement. Tout changement d'état est un excitant* (HALLER).

Irritabilité de toutes les cellules, glandulaires, osseuses, fibreuses, musculaires. La mise en jeu de l'irritabilité musculaire, c'est la contraction.

II. *Rôle de la stimulation nerveuse dans l'irritabilité.*

Y a-t-il contractilité et irritabilité sans nerfs ?

Excitabilité propre du muscle. Observations nombreuses de muscles irritables sans nerfs (pointe du cœur, cœur de l'embyron, cœur du limaçon, allantoïde, manteau des Méduses).

Méthode de LONGET par l'étude de la dégénérescence nerveuse des nerfs sectionnés. Le muscle reste irritable.

Méthode de CLAUDE BERNARD par l'emploi du curare.

III. *Étude physiologique du curare.*

Expérience célèbre de CLAUDE BERNARD sur la localisation de son action (grenouille curarisée avec ligature du tronc postérieur).

Le muscle est irritable. Le nerf ne l'est plus, ou du moins n'agit plus sur le muscle par suite de la paralysie des terminaisons motrices.

Notions sur la localisation des poisons dans certaines cellules (oxyde de carbone et hémoglobine).

Curarisation des vertébrés supérieurs. Mort par asphyxie. Respiration artificielle.

IV. *Indépendance de l'irritabilité musculaire et de l'irrigation sanguine.*

Expérience de STÉNON.

Irritabilité du cadavre.

Inefficacité de l'oxygène libre pour conserver l'irritabilité. Efficacité des transfusions de sang (BROWN-SÉQUARD).

V. *Influence de la température sur la durée de l'irritabilité.*

La différence, si la température est de 0° à 42°, peut être de 2 heures à 200 heures (grenouille, tortue, écrevisse).

De même pour les muscles des animaux à sang chaud (refroidis, ils gardent longtemps leur excitabilité).

Différente irritabilité des muscles chez les divers poissons.

Irritabilité de différente durée pour les divers muscles (NYSTEN). Une heure et demie de durée en général. Quelquefois, pour le cœur droit et l'oreillette, deux et trois jours (NYSTEN).

Expériences sur l'anémie des muscles avec la bande d'ESMARCH.

Phénomènes de troubles dans la finesse du toucher (anesthésie par anémie) et dans la perfection de l'acte musculaire. — Plus tard, paralysie de la contraction volontaire, avec conservation de l'irritabilité électrique.

Expérience des grenouilles salées.

Anémie du cœur (ligature de la coronaire).

Expérience de PANUM et VULPIAN sur l'électrisation du cœur.

Rôle des ganglions nerveux du cœur.

VI. *Influence des actions chimiques sur l'irritabilité musculaire.*

Méthode des circulations artificielles (LUDWIG).

Fatigue des muscles par injections de substances de désassimilation.

L'excitation du nerf moteur produit une dilatation des artérioles du muscle (LUDWIG).

VII. *Excitations qui agissent sur le muscle.*

Excitant nerveux. Propagation au muscle dans toute sa longueur.

Temps perdu dans les plaques nerveuses terminales ?

Excitant électrique. Action sur le muscle. Excitation *directe*.

Action sur le nerf moteur. Excitation *indirecte*.

Electrodes. Anodes. Cathodes.

Courant direct. Courants dérivés. Diffusion.

Loi d'Ohm. Résistances des muscles.

Lois de Ritter sur les secousses musculaires provoquées par l'électricité.

Contraction à la rupture, et à la clôture.

Tétanos pendant le passage d'un courant très fort.

Influence d'un changement dans l'intensité de l'excitant électrique (du Bois-Reymond).

Electrotonus.

VIII. Excitants *thermiques*.

Muscles thermosystaltiques (en général, fibres lisses).

Excitants *mécaniques.*

Contraction idio-musculaire.

Excitants *chimiques.*

Ils ne sont pas tout à fait les mêmes que les excitants chimiques des nerfs.

Excitants *lumineux.*

Iris. Chromoblastes.

IX. *Mesure de l'excitabilité.*

Seuil de l'excitation.

Accroissement de l'excitabilité après la mort.

Mouvements spontanés des muscles après la mort (par exemple après la mort par le choléra).

Augmentation de l'excitabilité par l'anémie.

Influence de l'électrisation et de la chaleur sur l'excitabilité.

L'excitabilité et l'irritabilité suivent une marche inverse ; *les tissus qui gardent le plus longtemps leur irritabilité sont les moins excitables.*

X. *Mouvements rythmiques normaux du muscle.*

Convulsions fibrillaires causées par le curare. Contractions du cœur.

Mouvements des artères de l'oreille du lapin (SCHIFF), des veines cardiaques.

XI. *Sensibilité musculaire.*

Nerfs sensitifs des muscles (SACHS). Réflexes provoqués par l'excitation musculaire. Douleur dans les contractures, crampes.

Fatigue musculaire, phénomène de sensibilité musculaire plus que d'impuissance même du muscle. Trépidation épileptoïde (CHARCOT, VULPIAN). Tonicité musculaire réflexe.

Influence des nerfs moteurs et de la moëlle sur la tonicité. Influence des nerfs sensitifs sur l'intégrité de la fonction musculaire (ataxie locomotrice, DUCHENNE de Boulogne).

XII. *Sens musculaire.*

Est-ce un sens spécial ? Dissociation de la sensibilité tactile et de la sensibilité musculaire. Influence des sensations musculaires sur les

XIII

émotions. Influence des émotions sur les mouvements.

Concaténation du mouvement et de la sensibilité dans la vie psychique.

XIII. *Nutrition des muscles.*

Indépendance relative de l'irritabilité du muscle et du nerf moteur. Dépendance relative de la nutrition du muscle et du nerf moteur.

Atrophies, hypertrophies, dégénérescences par lésions des cornes antérieures. — Section des nerfs et atrophies musculaires consécutives (LONGET).

A consulter :

CLAUDE BERNARD. *Leçons sur les tissus vivants,* p. 1 à 115. — VULPIAN. *Leçons sur les substances toxiques,* (1881) p. 293 à 422. — ROSENTHAL. *Les nerfs et les muscles.* — MAREY. *Du mouvement dans les fonctions de la vie,* (1868.)

TRENTE-NEUVIÈME LEÇON

PHÉNOMÈNES CHIMIQUES DE LA CONTRACTION MUSCULAIRE.

I. *Constitution chimique des muscles* (Schéma).

Eau.	750
Albuminoïdes. . .	200
Sels minéraux. . .	15
Graisses.	10
Sucres.	10
Matières extractives.	15
	1000

Grande analogie avec la composition chimique du sang. Nature des matières albuminoïdes du muscle. *Suc musculaire. Myosine* de KUHNE.

Coagulation spontanée de la myosine. Transformation par la cuisson de la myosine en syntonine ou fibrine musculaire. Autres matières albuminoïdes analogues à la caséine et à la sérine du sang. Hémoglobine et matières colorantes des muscles.

II. *Substances azotées extractives.*

Créatine. Créatinine. Acide lactique. Urée. Ferments peptique, diastasique, de coagulation de la myosine.

Le *bouillon* contient les substances solubles.

Composition chimique du bouillon (schéma).

Eau.	980
Sels minéraux. .	9
Matières azotées solubles. . .	9
Albumines. . .	2

De là, valeur alimentaire très faible du bouillon.

L'extrait de LIEBIG n'a qu'une puissance nutritive très faible.

Les 9 gr. de sels minéraux sont ainsi répartis :

PO_3K_3. .	7 gr
NaCl. . . .	1 5
Ca. F. Mg.	0 5

Remarquer la grande richesse du bouillon en sels de potassium.

Matière glycogène du muscle. Quantité considérable dans le muscle frais : mais il disparait et s'altère très vite (Ferment diastasique ?)

Petites quantités d'inosite.

Rapides altérations du muscle après la mort. Acidité. Coagulation. Disparition du glycogène. Comparer l'altéralion du muscle à la coagulation du sang.

III. *Respiration élémentaire des muscles.*

Affinité de la cellule musculaire pour l'oxygène.

Cette affinité croît de 0° à 50°, puis décroît à partir de 50°.

Méthode d'HELMHOLTZ pour montrer que les substances extractives augmentent par la contraction. Différence minime.

Ce ne sont pas les matières albuminoïdes qui brulent dans la contraction musculaire.

L'urée n'augmente pas par le travail musculaire (VOIT).

Expérience de FICK et WISLICENUS. Le travail produit peut-être la combustion des matières azotées : nombreuses expériences confirmatives.

IV. *Production de CO_2 par le travail musculaire.*

Expériences nombreuses, depuis LAVOISIER, qui établissent ce fait important.

Absorption d'oxygène.

Le quotient respiratoire tend à devenir égal à 1.

Accélération de la respiration par le plus léger travail musculaire.

Influence des contractions musculaires sur la durée de l'asphyxie.

Le travail musculaire fait monter les échanges respiratoires de 1 à 5 (maximum).

Accroissement simultané de la ventilation et des échanges respiratoires.

Expériences avec le tétanos électrique.

Combustion des muscles de l'animal à jeûn.

Expériences de CHAUVEAU sur le glycose du sang qui brule dans les contractions musculaires.

V. *Rôle considérable des muscles dans les phénomènes chimiques de la respiration.*

Proportion de 50 o/o du tissu musculaire dans l'organisme. Leur combustion (pendant le repos) produit 75 o/o du CO^2 total; et pendant l'activité 95 o/o du CO^2 total.

L'influence des poisons sur la température est due à leur action sur le système nerveux et (par le système nerveux) sur les muscles.

VI. *Rigidité cadavérique.*

Phénomène constant.

La rigidité n'est pas due à l'acidité du muscle (expériences avec l'injection potasse).

Durée moyenne, 4 heures après la mort elle est complète; elle débute en général 2 heures après la mort par les muscles du cou et des mâchoires.

Attitude des membres. Diversité dans le début de la rigidité suivant l'irritabilité musculaire (variable chez les divers animaux).

Influence de la température extérieure : dans la mort par la chaleur la rigidité survient très vite.

VII

Influence de la fatigue musculaire : animaux forcés à la course, ou tétanisés.

Influence du sang oxygéné pour faire disparaître la rigidité.

Rigidité *cataleptique*.

Applications à la médecine légale.

Rigidité, signe de la mort réelle.

Distinguer la rigidité de la contracture.

Rigidité des tissus autres que le muscle.

VII. *Équation chimique du travail musculaire.*

Combustion du sucre qui donne de l'acide carbonique et de l'eau.

Les matières azotées ne se modifient pas.

Imperfection de cette théorie. La myosine s'altère par la contraction répétée du muscle (?).

A consulter :

TOURDES, Art. *Cadavre* du *Dictionnaire encyclopédique*. — P. BERT. *Leçons sur la respiration*, p. 29 à 153. — FRÉDÉRICQ et NUEL. *Éléments de physiologie*. 1883, IIe partie, p. 41 à 79.

QUARANTIÈME LEÇON

PHÉNOMÈNES THERMIQUES, DYNAMIQUES ET ÉLECTRIQUES DE LA CONTRACTION MUSCULAIRE.

I. Phénomènes *thermiques* de la contraction.

Expériences indirectes.

Tout mouvement élève la température. Expériences sur l'homme et les animaux.

Tétanos électrique des chiens. La température peut monter jusqu'à 45° (LEYDEN, CH. RICHET).

Sommeil : abaissement thermique.

Section de la moëlle : même résultat.

Contraction musculaire des insectes voiliers.

Maladies tétaniques, avec hyperthermie.

Abaissement de la température chez les lapins attachés. Contraste entre les lapins attachés qui se refroidissent (immobiles) et les chiens attachés qui s'échauffent (se débattant).

II. *Expériences directes : élévation de 1/100 de 0° par contraction musculaire de grenouille* (HEIDENHAIN).

Méthode des aiguilles thermo-électriques.

Différence entre la température du sang veineux et celle du sang artériel.

Chaleur médiocre dans les contractures (?)

III. *Système musculaire régulateur de la température.*

Différences entre les gros et les petits chiens.

Activité des petits oiseaux, toujours en mouvement.

Influence du chloral : influence des stimulations nerveuses.

Action des poisons tétanisants (hyperthermie) ou paralysants (hypothermie).

IV. *Théorie de l'équivalence des forces.* (CARNOT, MAYER, JOULE, 1827-1843).

Expériences de BÉCLARD, fondamentales (1861).

Travail produit par une combustion chimique. Excès de chaleur constant.

$$C + O_2 = CO^2 + \text{Chal.} + \text{Travail.}$$

Rapports du travail avec la chaleur.

Contraction *statique* (sans travail).

Contraction *dynamique* (avec travail).

$$\text{Travail} = \frac{P \times H}{t}$$

Si le travail est nul, la contraction est statique, et la température plus élevée.

Méthode de BÉCLARD qui constate que la température s'élève dans la contraction statique.

Travail négatif. Travail positif.

Chaleur plus grande dans le tétanos.

Excédent de chaleur dans les travaux musculaires, ascensions, etc.

Rapports de la chaleur et du travail chimique effectué.

Notions de thermochimie.

Combustion produisant du travail.

Rendement théorique d'une machine à vapeur.

$$C + O^2 = CO^2 + \text{Chal.} + \text{Travail}$$

la totalité du travail produit pour 1 kil. de C = 8.000 cal.

Dans les machines le rendement est de 5 o/o à 10 o/o (si elles sont bonnes).

Pour la machine humaine le rendement est de 25 o/o (HELMHOLTZ) ou de 12 o/o (HANRIOT et CH. RICHET).

Méthodes pour mesurer ce travail.

Hypothèse de la transformation du sucre en CO^2 et H^2O.

Ventilation excédente.

La respiration produit à la fois absorption de O^2, élimination de CO^2 et de H^2O, et production de froid.

Chez l'homme, pour 10 kilogrammètres il y a à peu près 1 litre d'air de ventilation en plus.

VI. *Phénomènes électriques du muscle.*

État électrique du muscle, à l'état de repos (Du Bois-Reymond, Matteucci).

Rhombe musculaire. Variations de la surface et de la section.

Variation négative, accompagnant la contraction du muscle. Contraction induite, ou secondaire.

Pattes galvanoscopiques. Expériences avec l'électromètre de Lippmann. Cœur et variations négatives du cœur. Influence du cœur sur la tension électrique du corps (Waller, 1890).

Méthode d'Helmholtz et de Bernstein pour montrer que les variations négatives ne se fusionnent pas, et qu'elles précèdent la contraction.

La variation négative a lieu pendant la période latente.

Oscillations électriques de la peau. Expérience de Du Bois-Reymond. Expérience de Tarchanoff. L'état électrique de la peau est-il dû à des contractions musculaires ?

Phénomènes électro-capillaires de Becquerel.

VII. *Animaux électriques.*

Poissons électriques. Appareil électrique spécial, pourvu de gros nerfs. Structure anatomique.

Appareil des silures, des torpilles, des gymnotes, des raies (Walsh, 1772).

Intensité extrême de la décharge, moyen de défense et d'attaque (pour les proies).

Secousse unipolaire (difficulté de l'explication théorique).

La secousse est un *phénomène volontaire.*

L'excitation des nerfs électriques la provoque.

Excitation limitée.

Expérience de Marey sur la nature de la secousse.

Période latente. Addition des décharges.

Analogie avec la secousse musculaire.

Immunité des poissons électriques contre leur propre décharge (?).

Difficultés des problèmes physico-physiologiques dans l'étude des animaux électriques.

VIII. *Animaux lumineux.*

Phosphorescence. Généralité du phénomène. Microbes phosphorescents.

Appareils phosphoriques des poissons, des insectes.

Influence du système nerveux.

Phénomène chimique de nature encore incertaine.

Analogie des phénomènes électriques, lumineux et musculaires. C'est la réponse d'un appareil périphérique à une excitation nerveuse.

A consulter :

ROSENTHAL. *Les nerfs et les muscles*. p. 130 à 180. — GAVARRET. Art. *Chaleur* du *Dictionnaire encyclopédique*. — MAREY. *La méthode graphique*, 1878, p. 320 à 335 et p. 407 à 411.

QUARANTE-UNIÈME LEÇON

MÉCANIQUE MUSCULAIRE, EFFORT, MARCHE, VOL, PHONATION.

I.

Notions de mécanique animale.

Principes des *leviers*. Différents genres de leviers.

Travail mécanique de l'homme.

Dynanomètre.

Ergographe de A. Mosso.

Un homme de 60 kilos peut faire 6 kilogrammètres par seconde.

Force considérable des insectes.

II. *Station. Équilibre.*

Locomotion. *Marche.*

Appareils enregistreurs de Marey.

Odographe. Chaussure exploratrice.

Méthode chronophotographique.

Résultats obtenus.

Foulée du sol, pendant la progression.

Longueur du pas proportionnée rigoureusement à la vitesse (Weber).

Dans la course les pieds quittent (simultanément pendant un temps très court) le sol.

Trot et galop du cheval.

Notation graphique de ses allures.

Vitesse absolue et vitesse relative des divers animaux.

III. *De l'effort.*

Fixation du thorax. Fermeture de la glotte.

Divergence des forces névro-musculaires, qui ne peuvent produire à la fois l'inspiration et un grand effort.

IV. *Vol des oiseaux et des insectes.*

Difficulté de la théorie.

Analyse par Marey du vol des oiseaux, par la méthode chronophotographique.

Différentes espèces de vols.

Vol *ramé* (corbeau).

Vol *à voiles* (goëland).

Vol *plané* (chute des oiseaux et du faucon).

Analyse du vol du faucon. *Planeurs* en papier.

Nécessité du vent pour le vol à voile.

Comparaison du vol des oiseaux au cerf-volant.

Vitesse du vol de divers oiseaux. En 5 heures un pigeon voyageur fait 370 kilomètres (Paris à Bruxelles).

Vol ramé. Élévation et abaissement de l'aile ; les ailes se portent en avant.

Résistance de l'air. Résistance à la translation. Résistance à la chute.

Rapport de la résistance avec le carré de la vitesse.

Impossibilité actuelle d'une théorie mathématique satisfaisante.

Solution certaine de l'aviation mécanique.

V. *Phonation.*

Différence de la phonation, du langage, et de la parole.

Il y a langage et parole sans phonation.

Structure du larynx chez divers animaux.

Larynx et syrinx des oiseaux.

Organes vocaux spéciaux des insectes.

VI. *Structure du larynx chez les mammifères.*

Rôle des ventricules (caisse de renforcement).

Rôle des cordes vocales. Tension des cordes vocales. Muscles extrinsèques. Muscles intrinsèques.

Rôle du crico-thyroïdien comme tenseur des cordes vocales.

Rôle des thyroaryténoïdiens, constricteurs et tenseurs de la glotte.

Glotte interligamenteuse et intercartilagineuse.

Rôle des ary-aryténoïdiens constricteurs.

VII. *Examen laryngoscopique.*

Expériences avec le larynx des cadavres.

Larynx artificiels.

Théorie de l'*émission vocale*. Instruments à cordes. Instruments à vent. Instruments à anches (rigides ou membraneuses).

Analogie du larynx avec un *instrument à anche membraneuse*

VIII. *Limites de la voix humaine.*

En général, deux octaves.

Baryton. Ténor. Soprano. Basse. Contralto.

Limites extrêmes de 162 (mi 1) vibrations à 2069 vibrations (ut 5).

Voix de *poitrine*. Voix *de tête*. Voix de *fausset* (dont on connait mal la théorie).

IX. *Parole.*

Voyelles et consonnes.

Caisse de résonnance, et disposition des parois buccales pour certaines harmoniques.

Résonnateurs de HELMHOLTZ.

Invention du phonographe (EDISON, 1878).

Reproduction des paroles par la reproduction intégrale de la vibration phonétique résultante.

X. *Langage.*

Sons articulés.

Langage inarticulé des animaux.

Origine du langage.

Caractère différentiel principal de l'homme et des animaux.

A consulter :

MAREY. *La machine animale.* 4e édit. 1886 in-8°. — *Le vol des oiseaux.* 1890. — GAVARRET. *Phénomènes physiques de la phonation et de l'audition.* in-12 1877. — BÉCLARD, Art. *Larynx* du *Dictionnaire encyclopédique des sciences médicales.*

QUARANTE-DEUXIÈME LEÇON

VISION, ACCOMMODATION ET RÉFRACTION.

I. *Des sensations en général et des organes des sens.*

Appareil de sensibilité périphérique.

Développement des nerfs sensoriels, prolongements du cerveau.

Appareils musculaires d'*adaptation*.

Appareils osseux et cutanés de *protection*.

Appareils de *transmission*.

Appareils de *réception* ou *perception*.

Énergie spécifique des nerfs.

Loi psycho-physique de FECHNER.

L'intensité d'une sensation est proportionnelle au *logarithme de l'excitation.*

II. *De l'œil en général.*

Des différents appareils qui le constituent.

Membrane sensible ou *rétine.*

Appareil *dioptrique* pour la réfraction.

Appareil *musculaire* α pour *l'accommodation.*

β pour *la vision binoculaire.*

III. *Marche des rayons lumineux dans l'œil.*

Notions de physique. Théorie des *lentilles,* des rayons *réfractés,* des *indices de réfraction.*

Lentilles *biconvexes.*

Centre optique. Foyer principal.

Formation de l'image réelle. Image *virtuelle.*

Formation de l'image (retournée) *dans le fond de l'œil.* Réfractions successives dans la cornée, l'humeur aqueuse, le cristallin, l'humeur vitrée.

Structure du cristallin, *le plus réfringent* des milieux de l'œil.

IV. *Accommodation*, c'est à dire formation de l'image exactement sur la rétine, quelle que soit la distance.

Expérience de SCHEINER.

Deux objets, situés à des distances très différentes, ne peuvent être simultanément vus avec netteté tous les deux.

Images de PURKINJE (une image cornéenne; deux images, antérocristallinienne et postérocristallinienne).

Changements des images cristalliniennes dans l'accommodation (HELMHOLTZ). — L'image cornéenne ne varie pas. L'image postéro-cristallinienne varie peu.

V. *L'accommodation de l'œil à des objets rapprochés exige un effort musculaire, et un temps appréciable.*

Rôle du muscle ciliaire dans l'accommodation.

Punctum proximum. Punctum remotum.

Autres théories sur l'accommodation. Rôle des procès ciliaires. Rôle de l'iris qui se contracte.

Innervation du muscle ciliaire par le nerf de la IIIe paire. Action de l'atropine.

VI. *Mesure du pouvoir d'accommodation de l'œil.*

Variétés de l'accommodation avec l'âge.

Réfraction *statique* (*punctum remotum*).

Réfraction *dynamique* (*punctum proximum*).

Myopie. Presbytisme (amétropie).

Acuité visuelle. Optomètres.

Mesure de l'acuité visuelle. Échelles de SNELLEN.

Détermination du degré de l'amétropie.

Lunettes et verres qui corrigent l'amétropie.

VII. *Astigmatisme.*

Astigmatisme régulier et irrégulier.

Mesure de l'astigmatisme.

Tous les yeux sont astigmates à un degré plus ou moins marqué.

Correction par des verres de l'astigmatisme régulier.

VIII. *Ophthalmoscope* (HELMHOLTZ).

Théorie de l'ophthalmoscope.

Aspect de la rétine vue à l'ophthalmoscope.

Vaisseaux rétiniens. Papille du nerf optique.
Applications au diagnostic des affections de l'œil.

IX. *Mouvements de l'iris.*

Diamètre de la pupille. Pupillomètre.
Nerfs de l'iris. Influence de la section du grand sympathique (POURFOUR DU PETIT).
Influence de la section du nerf de la IIIe paire.
Hypothèse (légitime) de deux muscles antagonistes, un dilatateur et un constricteur.

Action réflexe se transmettant à l'iris. Centre de cette action réflexe. Expérience de FLOURENS sur la lésion des tubercules quadrijumeaux.

Synergie des mouvements de l'iris droit et de l'iris gauche.

Influence de la lumière, de la vision rapprochée.

Influence de l'asphyxie qui dilate la pupille. Action de l'atropine, de l'ésérine.

Mouvements volontaires de l'iris chez les oiseaux.

Rapports des mouvements de l'iris avec la circulation cérébrale. Mesure de la vitesse des mouvements de l'iris.

Action directe de la lumière sur le muscle iridien.

Sensibilité réflexe extrême de l'iris à toutes les excitations sensibles.

A consulter :

HELMHOLTZ. *Traité d'optique physiologique*, traduction française (1867), p. 1 à 257. — IMBERT. *Les anomalies de la vision* (in-12, 1889). — DROUIN. *Les mouvements de la pupille* (Thèse de doctorat, Paris, 1879).

QUARANTE-TROISIÈME LEÇON

VISION. FONCTIONS DE LA RÉTINE.

I. *Aperçu général sur les fonctions visuelles dans la série animale.*

Œil des vertébrés.
Peigne des oiseaux et des reptiles.
Œil des mollusques. Nerf tentaculaire.
Œil *à facette* des insectes.
Œil des vers. Points oculiformes des invertébrés inférieurs.
Sensibilité de la peau à la lumière.

Constance de l'appareil pigmentaire dans toute la série animale.

II. Sensibilité du nerf *optique.*

Effets des excitations électrique et mécanique.

Sensibilité de la rétine à la lumière.

Papille du nerf optique. *Punctum cæcum.*

Expérience de MARIOTTE.

Tache jaune. Diamètre de la tache jaune.

La vision distincte ne se fait que sur la tache jaune.

Correction (par un jugement instinctif) de la lacune produite par le punctum cæcum.

III. *Sensibilité périphérique de la rétine. Mesure du champ visuel.*

Périmètre.

Représentation graphique du champ visuel.

Importance de cette détermination dans les affections cérébrales (hystérie).

IV. *Excitation mécanique de la rétine. — Phosphènes par pression de l'œil.*

Phosphènes d'accommodation.

Phosphènes nocturnes. Chaos lumineux.

Difficulté de préciser le rôle du cerveau et le rôle de la rétine dans le chaos lumineux.

V. *Structure de la rétine.*

Cônes et bâtonnets — Article externe. Article interne. Rouge rétinien (FR. BOLL) ou érythropsine.

Optogrammes ; ou véritable inscription photographique des objets lumineux sur la rétine.

Pigments rétiniens et leurs mouvements sous l'influence de la lumière.

Théorie de l'excitation rétinienne.

L'érythropsine n'est pas indispensable à la vision.

Elle manque dans la tache jaune.

Images *consécutivss, négatives* et *positives* explicables par la disparition de l'erythrposine (?).

VI. *Durée de l'excitation rétinienne.*

Persistance de l'excitation (o" 1).

Un objet lumineux qui se meut très rapidement sur une petite circonférence paraitra un cercle lumineux — D'une roue en mouvement rapide on ne voit pas les rayons.

Disques *rotatifs* pour les couleurs.

Stroboscope. Phénakisticope.

Addition latente pour les excitations lumineuses.

Période latente — Période d'excitation croissante puis décroissante.

Sensibilité de la rétine aux différences d'éclairage. *Photométrie*.

Théorie des photomètres différentiels.

Influence de la fatigue sur la sensibilité à l'éclairage.

VII. De la *perception des couleurs*.

Notions de physique sur les ondulations lumineuses. Rayons *calorifiques*. Rayons *chimiques*.

Rayons du spectre à réfrangibilité différente et à vitesse ondulatoire différente.

Couleurs simples et composées.

Couleurs complémentaires.

Expériences de NEWTON. Cercle chromatique.

Expériences sur les couleurs complémentaires avec les disques rotatifs.

Expériences qui prouvent l'existence d'images consécutives.

Théorie de YOUNG-HELMHOLTZ.

Théorie de HERING.

Sensibilité chromatique de l'œil, dans les parties centrales et dans les parties périphériques de la rétine. — *Aberration monochromatique.*

Contraste simultané et contraste successif des couleurs (CHEVREUL).

Perversion de la sensibilité aux couleurs.

Daltonisme.

Dyschromatopsie et achromatopsie.

Comparaison entre la sensibilité photométrique et la sensibilité chromatique de l'œil.

III. *Irradiation.*

Expériences prouvant l'irradiation dans la rétine.

Imperfections nombreuses de l'appareil visuel, aux points de vue de la sensibilité rétinienne, et de la réfraction.

A consulter :

CHARPENTIER. *La lumière et les couleurs* (in-12°, 1888). — WUNDT. *Nouveaux éléments de physiologie* (traduction française 1872. p. 474 à 502). — J. CHATIN. *Organes des sens dans la série animale*. 1880, p. 424 à 720.

QUARANTE-QUATRIÈME LEÇON

VISION. MOUVEMENTS DES YEUX. VISION BINOCULAIRE.

I. *Région de la rétine où se fait la vision distincte.*

Nécessité de l'adaptation.

Ligne de *regard* : ligne *visuelle.*

Centre de rotation de l'œil.

Axe de rotation. Équateur de l'œil.

Rotation autour de l'axe transversal.

Mouvement de roue autour de la ligne de regard.

Loi de Listing sur les rotations du globe oculaire.

Synergie des mouvements dans les deux yeux.

Mouvements de l'œil quand la tête se déplace.

II. *Action des divers muscles de l'œil.*

Multiplicité des nerfs servant aux mouvements de l'œil.

Nerfs de la IIIe de la IVe et de la VIe paires.

Effets de la paralysie de chacun de ces nerfs.

Effets de la contracture.

Insertions de ces muscles sur le globe oculaire.

Étude physiologique du *strabisme.*

Strabisme *convergent*. Strabisme *divergent*.

Strabisme *paralytique.*

Rapports de la *diplopie* avec le strabisme.

III. *Champ visuel binoculaire.*

Convergence des deux yeux.

Horoptère.

Diplopie binoculaire.

Fusion des images doubles.

Théories de la vision binoculaire.

IV. *Perception des objets.*

Les objets forment une image renversée; ils sont vus droits.

Théories diverses pour l'explication de ce phénomène.

Rectification (par le jugement) de l'image produite.

Localisation (par un jugement) des perceptions visuelles.

Aperception et perception.

Notions de la distance, de la direction, du relief.

Théorie du *stéréoscope* (WHEATSTONE 1883).

Influence de la vision binoculaire sur le relief.

V. *De quelques illusions d'optique.*

Notions de la perspective et de la profondeur.

Influence de l'habitude.

Observations sur des aveugles-nés (CHESELDEN).

Vision entoptique.

Théories nativistique et empiristique.

Appréciation de la grandeur des objets.

VI. *Réflexes oculaires.*

Photophobie. Éternument.

Constriction de l'iris : mouvements d'accommodation et de convergence.

Effets croisés de l'excitation optique.

Centre des mouvements réflexes de l'œil dans les tubercules quadrijumeaux.

VII. *Fonction visuelle des circonvolutions.*

Sphère optique de l'écorce célébrale (FERRIER, MUNK).

De la cécité psychique.

Troubles de la vision dans les affections cérébrales. Mémoire visuelle. Application à la théorie de la cécité verbale.

VIII. *Fonctions accessoires de l'œil.*

Protection de l'œil. — Rôle des paupières, de l'orbiculaire.

Fonction du facial et du trijumeau.

Fonctions du nerf de la IIIe paire.

Nutrition de l'œil.

Tension des liquides de l'œil.

Larmes. Constitution chimique.

Sécrétion lacrymale (influence des réflexes psychiques).

Écoulement des larmes. Théories diverses.

A consulter :

WUNDT. *Éléments de psychologie physiologique*, traduction française, t. II, p. 69 à 201. — HELMHOLTZ. *Optique physiologique*. p. 561 à 1035. — GIRAUD-TEULON. *La vision et ses anomalies*.

QUARANTE-CINQUIÈME LEÇON

AUDITION.

I. *Structure de l'appareil auditif dans la série animale.*

Oreille externe, très variable ; manquant chez les êtres inférieurs ; de même pour l'oreille moyenne.

Oreille interne : appareil essentiel.

Disposition du limaçon, de la membrane du tympan. *Otolithes.*

Structure de la membrane de CORTI. Membrane basilaire. Membrane réticulaire. Fibres de CORTI.

II. *Notions physiques sur le son. De l'onde sonore.*

Vitesse de la propagation du son dans l'air.

Hauteur, et intensité du son.

Gamme musicale. Quinte. Tierce. Intervalles. Octave.

Ton majeur. Ton mineur. Dominante. Tonique. Accord. Consonnance. Dissonnance. Son fondamental. Harmoniques. Les harmoniques donnent le *timbre* des sons (HELMHOLTZ).

III. Transmission des vibrations sonores dans *l'oreille externe*. Rôle du *pavilllon*.

Adaptation du pavillon par un réflexe psychique (oculaire).

Transmission par l'*oreille moyenne*.

Rôle de la membrane du tympan.

Vibration de la membrane tympanique.

Renouvellement de l'air de la caisse du tympan par la déglutition.

La perméabilité de la trompe d'EUSTACHE est nécessaire à l'intégrité de la fonction auditive.

Tension active de la membrane du tympan par la contraction du muscle du marteau.

IV. Transmission des sons au limaçon par la membrane de la fenêtre ronde.

Transmission de la vibration sonore à la fenêtre ovale par les osselets de l'ouïe.

Rôle du muscle de l'étrier.

La tension du liquide labyrinthique est fonction de la vibration du tympan (par les osselets).

La tension du liquide labyrinthique est aussi fonction de la vibration de la fenêtre ronde.

Vibrations sonores des parois osseuses du labyrinthe.

L'ouïe n'est pas absolument abolie par la destruction ou l'oblitération de l'oreille moyenne. (*Audiphone*).

Ondulations dans le liquide labyrinthique.

Ébranlement de la membrane de CORTI par les ondulations.

Rapport du nombre des fibres de CORTI avec ces sons musicaux (HELMHOLTZ).

Objection : les fibres de CORTI manquent chez les oiseaux.

Difficulté d'établir la fonction spéciale des diverses parties de l'oreille interne.

V. *Excitation du nerf acoustique par l'électricité.*

Limites du nombre des vibrations perceptibles.

Sirène de CAGNIARD DE LATOUR.

Maximum perceptible . 20.000 par seconde.
Minimum . . . . 80 par seconde.

Appréciation de l'intensité du son. *Phonomètres.*

Appréciation de la *hauteur* du son.

Esthétique musicale.

Limites de la précision musicale de l'oreille. Influence considérable de l'habitude et de l'exercice. On peut parfois distinguer 1/64 d'un demi-ton.

VI. *Perception des sons.*

Extériorité de la sensation auditive.

Notion de la direction du son.

Imperfection de cette notion, qui nécessite l'audition biauriculaire et des mouvements de la tête.

Durée d'une sensation auditive.

Son simultané. Son résultant.

On entend 130 battements par seconde.

Sensations auditives consécutives.

Limites de finesse de l'ouïe. Fatigue de l'appareil auditif.

Intermittence du son.

Phénomènes réflexes provoqués par le son (réflexe de la salive, réflexe lacrymal).

Perceptions *entotiques*, dans les affections de l'oreille interne.

Hallucinations de l'ouïe.

Régions corticales de la perception auditive.

De l'audition colorée.

A consulter :

HELMHOLTZ et BLASERNA. *Le son et la musique* (traduction française), 1876. — GAVARRET. *Acoustique biologique*, 1 vol. in-12, 1877. — GELLÉ. *Les maladies de l'oreille*, 1. vol. in-12, 1883.

QUARANTE-SIXIÈME LEÇON

OLFACTION. GUSTATION.

I. *Nerf olfactif.* Développement.

Lobe olfactif des vertébrés.

Importance de l'olfaction dans la vie psychique des vertébrés inférieurs.

Muqueuse olfactive. Structure.

II. *Le nerf olfactif est-il le nerf de l'odorat ?*

Cas célèbre de Marie Lemens, où il y avait absence de nerf olfactif et cependant persistance d'odorat (?) (CLAUDE BERNARD).

Rôle du trijumeau, d'après MAGENDIE.

Le trijumeau est un nerf de sensibilité générale, non de sensibilité olfactive.

Réaction d'un animal à l'ammoniaque, sans que cette réaction entraîne perception de l'odeur.

En réalité, le nerf olfactif est le nerf de l'odorat.

III. *De la sensation d'odeur.*

Y a-t-il contact direct d'une parcelle matérielle (gazeuse) sur la muqueuse ; ou s'agit-il d'une vibration dynamique, spéciale, de la matière ?

Limites de la sensibilité olfactive.

Dans quelques cas il suffit d'une quantité de matière prodigieusement faible (par exemple le musc).

Influence de la direction du courant d'air inspiré sur la sensibilité olfactive.

Mouvement des narines qui déterminent le sens de ce courant vers la partie sensible de la muqueuse.

Excitation de la muqueuse par l'électricité.

Réflexes psychiques déterminés par l'olfaction.

La sensation agréable ou désagréable d'une odeur est en rapport avec la finalité de l'être.

Sensations post-olfactives.

Sensations olfactives subjectives. Hallucinations de l'odorat chez les aliénés.

III. *Gustation.*

Rapports intimes de la gustation avec l'olfaction. Sans olfaction beaucoup de corps paraissent insipides.

Classification des saveurs qui sont { *salées*, *sucrées*, *amères*, *acides*.

Excitation de la muqueuse par l'électricité.

Structure de la muqueuse linguale.

Structure des papilles fongiformes et caliciformes.

Y a-t-il des cellules spéciales pour le goût ?

IV. *Substances qui provoquent une sensation gustative.*

L'action gustative est une action chimique.

Nécessité d'une dissolution.

Dosage de la quantité de substance nécessaire pour amener une sensation de goût. — Influence de la dilution et de la quantité absolue de substance.

Intensité de l'amertume de certaines substances.

Les saveurs amères sont en général celles des substances toxiques. Rapports du plaisir et de la douleur dans le goût avec la finalité de l'être.

Sensations gustatives antagonistes.

Sensations post-gustatives.

Persistance de la sensation.

Sensation gustative par la pénétration de certaines substances dans le sang.

De la durée nécessaire à une perception gustative.

V. *Régions buccales où s'exerce la sensibilité gustative.* Méthode d'exploration.

Sensibilité du voile du palais et de ses piliers ; de la voûte palatine ; de la base de la langue.

Les substances salées agissent plutôt à la pointe, et les substances amères à la base (distinction qui est loin d'être absolue).

VI. Le nerf du goût est probablement le glosso-pharyngien ; le nerf lingual, qui va à la pointe de la langue, contribue à la gustation.

Diminution du sens du goût dans la paralysie faciale. Rôle de la corde du tympan (?).

Le plus souvent la gustation est une sensation complexe (notions tactile, thermique, olfactive etc.).

Organes de la ligne latérale des poissons (?). Du goût dans la série animale.

C'est la sentinelle de la digestion, comme l'olfaction est la sentinelle de la respiration.

A consulter :

FRANCK. Art. *Olfaction* du *Dictionnaire encyclopédique des sciences médicales.* — GLEY. Art. *Gustation* du *Dictionnaire encyclopédique des sciences médicales.* — BERNSTEIN. *Les sens,* traduction française, 1883.

QUARANTE-SEPTIÈME LEÇON

TOUCHER. PEAU.

I. *Sens du toucher.*

Éléments dont se compose la sensation tactile.

Sens *musculaire.*

Sens *thermique.*

Sens *tactile* proprement dit.

Terminaisons nerveuses dans la peau et les muqueuses : corpuscules de MEISSNER, de KRAUSE, de PACINI.

Il n'y a de véritable sensibilité tactile que dans la peau et la langue.

Insensibilité tactile des muqueuses stomacale, intestinale, bronchique; des muscles, des glandes, des séreuses.

Nécessité d'un *mouvement musculaire* pour une notion tactile suffisante.

II. Appréciation de la sensibilité tactile. *Esthésiomètre.*

Écartement des pointes de l'esthésiomètre, en millimètres, aux différentes régions pour qu'on perçoive un double contact.

Langue	1
Face palmaire de la 3e phalange	2
Joue	20
Front	20
Avant-bras	40
Nuque	50
Cuisse	70

Fusion des sensations tactiles.

Nécessité d'une irrigation sanguine suffisante pour une sensation tactile parfaite.

Durée des sensations tactiles.

Notions de pression, de contact. Perception de la résistance des corps, donnée par le sens musculaire.

Illusions tactiles (chez les amputés).

Expérience d'Aristote, qui montre la part considérable du jugement dans les phénomènes tactiles.

Hypothèses sur les cercles de sensation (Weber).

Il faut que deux cercles soient excités pour qu'il y ait perception de deux pointes.

III. *Sensibilité thermique.*

C'est surtout une sensation par comparaison.

Nécessité d'une surface cutanée étendue, et d'une certaine durée de la sensation.

Localisation de la sensibilité thermique en divers points du corps.

La sensibilité au froid est peut-être différente de la sensibilité à la chaleur.

Y a-t-il des nerfs spéciaux pour la sensibilité thermique (?).

Abolition et perversion de ces diverses sensibilités dans les maladies du système nerveux et spécialement dans l'hystérie.

Sensibilité à l'électricité; sensibilité au chatouillement. Sensibilité des organes génitaux dans le coït.

IV. Sensibilité à la *douleur*.

La douleur est un phénomène central, en rapport avec l'intelligence.

Elle est due à l'*excitation forte des nerfs sensitifs*, quels qu'ils soient (CH. RICHET).

Il y a analgésie sans anesthésie: le chloroforme et l'éther produisent d'abord de l'analgésie, puis de l'anesthésie.

Hypothèse peu acceptable de conducteurs spéciaux (SCHIFF, BROWN-SÉQUARD).

Influence de l'inflammation et de la névrite sur la sensibilité douloureuse des tissus. — Tissus enflammés plus sensibles que les tissus sains.

L'anesthésie hystérique est presque toujours de l'analgésie.

V. Autres Fonctions de la peau. — Fonctions de *protection* et de *sudation*.

Protection contre les objets extérieurs (Elasticité et résistance mécanique). Dureté extrême de la peau chez beaucoup d'êtres.

Protection contre l'électricité.

Résistance à l'absorption des virus et des poisons.

La peau *n'absorbe pas* (exception pour les gaz, qui diffusent, quoique faiblement, dans la peau).

Imbibition de l'épithélium cutané par les poisons.

Respiration cutanée des batraciens.

Respiration cutanée, très faible, des autres vertébrés.

Respiration cutanée des mollusques.

Conditions de l'absorption cutanée.

Tous les appareils de défense des êtres sont des dépendances de la peau (ongles, poils, écailles, cornes, dents).

Protection de la peau (garnie de poils ou de plumes) contre la température extérieure.

La peau assure la vie de l'organisme dans un milieu constant, difficilement modifiable.

VI. *Sécrétion de la sueur* (glandes sudoripares et sébacées).

Composition chimique (schéma).

Eau.	990	
Mat. extract. . .	5	(dont 1 d'urée).
Sels minéraux .	5	(dont 4 de NaCl).

Faible quantité de matières solides.

Acides gras volatils odorants (dus sans doute aux glandes sébacées). Suint du mouton.

La sueur est probablement alcaline.

Procédés pour l'étude de la sécrétion (aux surfaces plantaires des pattes du chien, et surtout du chat).

Variations physiologiques (substances diaphorétiques, et principalement *pilocarpine*).

Influence de la température extérieure qui peut décupler la quantité de sueur émise.

VII. *Rôle de la sueur, agent de la réfrigération.*

La sueur n'est pas destinée à l'excrétion de matières solides; elle empêche l'hyperthermie.

De la sudation (réflexe) dans une étuve.

Parallélisme entre la *polypnée thermique* et la sudation. Pas de sudation chez les animaux qui ont de la polypnée thermique.

Rapport entre la réfrigération et la quantité de sueur excrétée (chaleur de volatilisation de l'eau).

Action des nerfs sur la sécrétion sudorale (LUCHSINGER. VULPIAN). Expérience de DUPUY.

Nerfs vasculaires distincts des nerfs sudoripares.

Action de l'atropine et de la pilocarpine.

Rôle des centres nerveux qui agissent directement ou par voie réflexe.

VIII. Rôle général de la peau *comme excitant réflexe.*

Appareil de sensibilité pour mettre l'être en relation de défense avec le milieu.

Expériences *sur les animaux vernissés.*

La mort survient par le froid, peut-être aussi par des lésions rénales et de l'albuminurie (?).

Action stimulante sur la respiration.

A consulter :

VULPIAN. *Leçons sur l'action physiologique des substances toxiques*, 1881. p. 53 à 192. — CH. RICHET. Art. *Peau* du *Dictionnaire de médecine et de chirurgie pratiques.* — BERNSTEIM. *Les sens.* (traduction française).

QUARANTE-HUITIÈME LEÇON

FONCTIONS DE REPRODUCTION.

LAIT.

I. *Des divers modes de reproduction.*

Hypothèse de la *génération spontanée.*

Expériences mémorables de PASTEUR (1861) qui la rendent très improbable.

Reproduction par scissiparité, par bourgeonnement, par ovulation.

Historique de la découverte de l'ovulation (HARVEY, GRAAF, BAER).

Généralité du phénomène chez les animaux et les plantes. — Ovule mâle. Ovule femelle.

Parthénogénèse. Notions sommaires.

II. *Étude de la reproduction chez les vertébrés.*

Sperme.

Constitution chimique (alcaline) 20 o/o de parties solides). Éléments anatomiques. Spermatozoïdes.

Forme des spermatozoïdes. Influence des divers milieux (actions chimiques et thermiques) sur leur mobilité.

Développement.

Formes variables chez les divers animaux.

Age pour le début et la fin de la fonction spermatique.

Influence de la puberté.

Castration. Influence de la castration sur le développement général de l'organisme (eunuques). Castration des animaux domestiques.

III. *Ovulation chez la femelle.*

Anatomie de l'ovaire et de l'ovule.

Vésicule de GRAAF.

Maturation de l'ovule.

Rupture de la vésicule.

Menstruation (n'existe pas chez les animaux).

IV. *Faits et théories relatifs à la menstruation.*

Durée. Périodes. Prodromes.

Quantité de sang écoulé.

Nature du sang menstruel (non coagulable; pauvre en matériaux solides).

Phénomènes sympathiques dans le reste de l'organisme; aux points de vue psychique et somatique.

Age auquel s'établit la menstruation. Variation suivant les races. Ménopause, d'autant plus tardive que la menstruation a paru plus tôt.

Incertitudes sur le rôle précis de la menstruation et sur son mécanisme.

Rapports de la menstruation avec les maladies, la grossesse, l'allaitement.

Substances emménagogues. — Influence de l'ablation ovarienne. Castration chez la femme.

Chez les femelles, il y a le *rut*. Périodicité du *rut* chez diverses espèces animales.

V. *Chute de l'ovule. Excrétion ovulaire.*

Rôle du pavillon de la trompe, des cils vibratils. Progression de l'œuf.

Formation de l'albumen de l'œuf chez les ovipares. Composition chimique de l'œuf.

VI. *Copulation.*

Érection du mâle. Théories sur le mécanisme physiologique de l'érection.

Structure des corps caverneux et du gland.

Érection ; réflexe médullaire, avec influence puissante des centres psychiques.

Nerfs vaso-dilatateurs actifs (paralysie par l'atropine).

Dispositions anatomiques du gland pour que soit assurée sa fixation momentanée dans le vagin (chez certaines espèces animales).

Exaltation de la sensibilité du gland par la friction. — Éjaculation réflexe.

Nerfs éjaculateurs. Contraction des vésicules séminales.

Contractions des bulbo-caverneux et de tous les muscles du périnée.

L'érection et l'éjaculation chez la femme sont phénomènes accessoires, tandis que chez l'homme ils sont indispensables à l'acte sensuel.

De la copulation dans diverses espèces animales.

Durée extrêmement variable.

VII. *Fécondation proprement dite.*

Rôle du spermatozoïde. Expérience mémorable de SPALLANZANI, qui renverse les théories de l'*aura seminalis*.

Nombre de spermatozoïdes nécessaires. Un seul suffit-il ? Nombre des ovules fécondés.

Pénétration dans l'ovule.

Lieu et moment précis de la fécondation.

Phénomènes consécutifs à la pénétration des spermatozoïdes.

Phénomènes qui se passent dans l'ovule non fécondé.

Superfécondation. Superfétation. Imprégnation.

Fécondation artificielle.

Conditions multiples nécessaires pour la fécondation naturelle.

Fécondation chez les espèces hermaphrodites.

Fécondation sans coït chez beaucoup d'espèces animales.

Fécondation chez les plantes.

VIII. C'est à l'*embryologie* que se rattachent les phénomènes consécutifs à la fécondation.

C'est à la *pathologie* que se rattache l'histoire de la grossesse et de la parturition.

IX. *Notions sur l'existence de l'espèce.*

Les espèces différentes ne peuvent se reproduire entre elles.

L'existence de l'espèce peut se fonder sur la fécondation.

Fécondité des diverses variétés d'une même espèce.

Hybrides, métis (lapine et lièvre — ânesse et cheval — louve et chien, etc.). Infécondité de ces métis, si fécondité, retour aux types primitifs plus fixes (*atavisme*).

Hérédité. Influence des accidents et du milieu sur la formation des variétés.

Aperçu sur la théorie de la sélection naturelle de DARWIN, seule acceptable.

X. *Anatomie des glandes mammaires.*

Rapport entre le nombre des mamelles et celui des petits d'une portée.

Développement de la glande mammaire, homologue des glandes sébacées (?).

Situation des mamelles.

Distinction entre les nouveau-nés qui naissent les yeux fermés et les yeux ouverts.

Comparaison entre le lait et l'œuf.

Sécrétion lactée des pigeons.

XI. Composition chimique (schéma) du *lait de vache.*

Eau. . . .	870	
Beurre . . .	40	
Caséine . .	40	(dont 5 d'albumine coagulable).
Sucre . . .	40	
Sels. . . .	10	(dont 30 % de K et 20 % d'acide phosphorique).

XII. *État dans lequel se trouve la graisse du lait.*

Formation du beurre par le *battage.*

Numération des globules du lait.

Les variations du lait portent surtout sur la quantité de graisse, laquelle dépend de l'alimentation et de l'état de santé de la nourrice.

Procédés de dosage. Butyromètre. Crémomètre.

Membrane haptogène des globules graisseux du lait (?). Difficultés pour comprendre l'état d'émulsion de la graisse dans le lait.

XIII. *Sucre de lait.* Procédés de dosage.

Caséine. Différence fondamentale entre la caséine non coagulable par la chaleur et l'albumine.

Albumine du lait. Formation d'une pellicule par l'ébullition.

Caractère de la caséine qui se coagule par le lab-ferment ou *pexine.*

Substances qui coagulent le lait.

Réaction du lait : *probablement acide.*

Le lait de vache, après quelques heures, est toujours acide.

XIV. *Altération du lait par l'acide lactique.*

Le sucre de lait peut donner, soit de l'acide lactique (lait aigri), soit de l'alcool (koumys).

Conditions de la fermentation lactique (ferment anaérobie).

Difficulté de la stérilisation du lait.

Développement facile des microrganismes pathogiques dans le lait.

Digestion du lait dans l'estomac : continuation de la fermentation lactique.

Rôle du *ferment comme adjuvant à la digestion.*

Influence salutaire dans les maladies. Rôle de la lactose comme diurétique.

Digestibilité du lait. Régime lacté.

Caractère de la caséine peptone.

XV. *Variétés dans la composition du lait.*

Le lait de femme contient plus d'eau et plus de sucre que le lait des vaches.

Les laits d'ânesse et de jument se rapprochent du lait de femme.

De même pour le procédé de coagulation de la caséine (fins grumeaux pour le lait de femme: gros flocons pour le lait de vache).

A partir de 30 ans, chez la femme, le lait est moins riche en graisses.

XVI. *Sécrétion du lait.*

Colostrum.

Le colostrum se coagule par la chaleur, comme le sérum sanguin.

Origine des principes chimiques du lait. Il y a plus de graisse dans le lait que dans l'alimentation de la nourrice.

La graisse se forme aux dépens des matières azotées.

Formation dans le fromage de matières grasses aux dépens de la caséine (?).

Transformation de l'albumine en caséine, et d'une partie de la caséine en graisse.

Formation du sucre de lait dans la glande mammaire même. Expérience de BERT sur le ferment lactogène.

Rôle hypothétique du foie. Glycosurie et lactosurie des nourrices (?).

Élimination par le lait (de KI par exemple).

XVII. *Quantité de lait sécrétée par jour* (de 1000 à 1500 gr. chez la femme). Chez certaines vaches, 50 kil. par 24 heures (?).

Quantité de lait prise à chaque tétée par le nourrisson. Évaluation par la pesée avant et après.

Nécessité des pesées fréquentes pour l'appréciation de la santé des nourrissons.

Impossibilité de remplacer le lait par d'autres aliments.

XVIII. *Influence des nerfs et du système nerveux.*

Expulsion réflexe du lait par contraction des canaux excréteurs. La succion par le nouveau-né provoque ce réflexe.

Influence des émotions qui rendent vraisemblable l'existence de nerfs sécréteurs et de nerfs d'arrêt, quoique, expérimentalement, la démonstration ne soit pas faite.

Rapports de la fonction lactée avec la menstruation, la parturition et la grossesse par l'intermédiaire du système nerveux.

A consulter :

LIÉGEOIS. *Traité de physiologie*, 1869. p. 156 à 298. — M. DUVAL. Art. *Génération, Fécondation, Ovule, Ovaire, Sperme*, du *Dictionnaire de médecine et de chirurgie pratiques*. — RÉVEIL. *Du lait. Thèse d'agrégation de la Faculté de médecine*. 1856. — DEBOVE. *Régime lacté. Thèse d'agrégation*. 1878. — DUCLAUX. *Le lait*. 1 vol. in-12, 1887.

TABLE DES MATIÈRES

TABLE DES AUTEURS CITÉS

TABLE

Burnat, Imp. 140, Bd. Montparnasse.

www.ingramcontent.com/pod-product-compliance
Lightning Source LLC
LaVergne TN
LVHW012328060726
842524LV00017B/264
9782014103045